LVMINIS NATVRÆ BONVM FINITVM

Ignis
ANIMA

LA
ROYALLE
CHYMIE
DE CROLLIVS

Traduitte en françois
Par I. Marcel de
Boulene

Auec priuilege du Roy

LYON
Par Pierre Drobet
en Rue Merciere
1624

Ex officina pharmaceutica Cotnobij

A TRES-ILLVSTRE

& tres-vertueuse Dame

MADAME

MARIE DE LEVI
DE VANTADOVR

Abbesse du Monastere
Royal de S. Pierre
de Lyon.

BIBLIOTHEQUE ROYALE

MADAME,

*Ce n'est pas de nostrê
temps seulement quĕ la
renommée de vostre maison à serui-
d'asyle à ceux qui de bon cœur luy
ont voué la sincerité de leurs affe-*

* 2   *ctions;*

étions ; dequoy aduerti ce pauure estranger, il s'est resolu de se mettre sous labry d'icelle, vous choisissant particulierement sur tous les vostres pour son vray phare : asseuré que vostre authorité le garantira de la langue des Aristarques, enuieux pour l'ordinaire de la prosperité d'autruy: soyez sa tutrice, Madame, puis que vostre seule consideration l'a faict venir en France, ce que vous cognoistrez à l'instant, s'il vous plaict de prendre garde à son intention, laquelle n'est autre que de seruir au public, & principalement aux pauures que vous fauorisez autant que personne de vostre condition : veu mesme que pour le chef d'iceux vous auez volontairement quitté toutes les pretentions des tiltres que vous pouuiez legiti legitimement poſſeder au monde : le plus precieux preſent que nos peres faiſoient à Dieu en la primitiue Egliſe, c'eſtoit l'offrande des premiers nais de leurs enfans. Madame, ceſtuy-cy que ie vous deſdie eſt mon vnique, il vous donne ſes bras encor tendrelets, vous coniurãt le receuoir de bon cœur, auec proteſtation qu'il ne reſpirera iamais que par vous, s'il vous eſt agreable, & que le Ciel me fauoriſe de tant que de pouuoir mettre au iour quelque choſe digne de vous, ie vous aſſeure de iamais n'auoir autre temple pour mes vœux que vous, auec aſſeurance que i'auray l'honneur de me qualifier toute ma vie,

MADAME,

Voſtre tres-humble & tres-obeïſſant ſeruiteur.

L. MARCEL

AV SIEVR MARCEL
sur son Liure.

QVATRAIN.

Qviconque lit l'Autheur ne le peut pas en-
    tendre,
Estant en ses secrets & mystique & obscur:
Mais ie loüe Marcel, d'autant que de bon cœur,
L'a par son sain discours facille voulu rendre.

A. GAVDIN.

AMANTISSIMO
COLENDISSIMOQVE
amico Ioanni Marcello.

EPIGRAMMA.

CRollius hæc nobis doctè medicamina traxit:
    At labor est fallax cùm via certa latet:
Te Marcelle viam nobis donasse fatemur
    Certam : qua cunctis viuere posse datur.
Viue diu, nostras tandem Marcelle per auras,
    Æger cam cunctus te pereunte perit.

V. Royerius.

AV SIEVR MARCEL
fur fa Traduction.

STANCES.

CRollius par fon docte liure,
Nous fit voir fon fubtil efprit :
Toy Marcel, par ton clair efcrit,
Par deffus tous l'as voulu fuiure :

Que dis-je fuiure ; fes figures
Eftoient trop obfcures à tous :
Mais toy pour obuier ces coups,
Nous as efclaircy fes mefures.

Crolle eft inuenteur, mais l'ouurage
Couuert des Enigmes obfcurs,
Faict mefprifer tous les autheurs,
Qui n'efclairciffent leur langage.

Quant à toy, qui es l'interprete
De ce threfor fi precieux,
Puiffes-tu butiner les Cieux :
Voyla l'heur que ie te fouhaitte.

I. BLANCHETESTE Chirurg.

Priuilege du Roy.

LOYS par la grace de Dieu, Roy de France, & de Nauarre. A nos Amez & feaux Conseillers, les gens tenants nos Cours de Parlements, Baillifs, Seneschaux, Preuosts, leurs Lieutenants, & tous nos Iusticiers & Officiers qu'il appartiendra. SALVT. Nostre bien amé Pierre Drobet Libraire en nostre ville de Lyon, nous a fait remonstrer qu'il auroit recouuert vn liure intitulé Osualdi Crollij Basilica Chymica, lequel liure auroit fait traduire en François, intitulé La Royalle Chymie de Crollius, traduite par Iean Marcel. Que ledit exposant voudroit volontiers imprimer pour l'vtilité & contentement de nos subjects: Mais il craint que quelqu'autre ne le voulust imprimer ou faire imprimer apres qu'il aura fait beaucoup de despence pour ladite traduction & impression, s'il n'auoit sur ce nos lettres de Priuilege & Permission à ce necessaires. A CES CAVSES auons permis & permettons par ces presentes audit Drobet, d'imprimer ou faire imprimer ledit liure, tant de fois, & par tel Imprimeur que bon luy semblera, & iceluy mettre & exposer en vente & distribuer, durant le temps & terme de dix ans : defendans à tous Imprimeurs, & Libraires, vendeurs de liures, & à tous nos subjects de quelque qualité & condition qu'ils soyent, d'imprimer ou faire imprimer ledit liure, tant dedans comme hors du Royaume sous couleur de quelque fausse marque ou changement de traduction ou desguisement que ce soit, sans le consentement & permission dudit Drobet, ou celuy ayant charge de luy, à peine de trois cents liures d'amande applicables moytié à nous, & l'autre moytié audit supliant, confiscations des exemplaires & de tous despens dommages & interests enuers ledit supliant, A la charge d'en mettre vn exemplaire en nostre Bibliotheque publicque de nostre ville de Paris, suyuant nostre reglement. SI VOVS MANDONS que du contenu en ces presentes, vous faciez, souffriez, & laissiez iouyr ledit Drobet plainement & paisiblement, & à ce, faire souffrir & obeyr tous ceux & autres qu'il appartiendra, en mettant au commencement ou à la fin ces presentes, ou vn extraict d'icelles, VOVLONS qu'elles soyent tenuës pour deuëment signifiées : Et qu'à la collation qui en sera fait par l'vn de nos amez & feaux Conseillers, Notaires, & Secretaires, foy soit adioustée comme au principal Original. CAR TEL est nostre plaisir. DONNE' à sainct Germain en Laye, le dixseptiesme iour d'Octobre, l'an de Grace mil six cents vingt & trois, & de nostre regne le quatorziesme.

Par le Roy en son Conseil.

RENOVARD.

Et scelé du grand seau de cire iaune.

PREFACE

ADMONITOIRE,

CONTENANT LES MY-
steres tres-profonds & plus rares de la
Philosophie tant naturelle
que de la grace,

TOVCHANT L'EXCELLENCE
de la medecine Chymique, & grandeur
du Microcosme.

ADVERTISSEMENT
AV LECTEVR
CVRIEVX DE LA
CHYMIE ET PHILOSO-
phie Medecinale,

D'OSVALDVS CROLLIVS,
medecin du tres-illustre Prince
D'ANHALTE.

MY Lecteur, quoy que les Romains eussent en recommandation Angueore, & les Grecs Harpocrate, à cause de leur silence, & que tous les anciens Philosophes à l'exemple d'vn Acteon eussent en horreur de declarer, & manifester les thresors de la nature aux rustres & païsans; toutesfois (puisque nostre pere celeste le Soleil a esté si liberal, que de distribuer esgallement sa lumiere à tous les mortels, sans auoir esgard aux bons, ou mauuais, nous comme ses vrays & legitimes enfans sommes obligez de l'imiter en sa liberalité, & principallement

Psal. 145. v 9.
Matth. 5. 100.
1. v. 5. Strabo dit que les mortels imitent les Dieux lors qu'ils font bien au prochain.
Matth. 25.
Luc 19 Victor. Les dons de Dieu croissent par la communication.

A 2   ceux-là

ceux-là d'entre les autres, aufquels il a donné
la parfaicte cognoiffance de la verité parmy
la plus grande obfcurité des tenebres) i'ay
voulu prendre la hardieffe de ne point enfe-
uelir dans les antres obfcurs de l'oubliance
le talent que Dieu m'a voulu particulierement
donner ; d'autant que les portes de la fcience
donnent toufiours ouuerture aux beaux efprits, lefquels les Mufes mefmes defirent volontairement feruir , eu efgard à leur fincere
curiofité. Et de faict c'eft vn office d'vne benigne humanité d'enfeigner le chemin à celuy lequel fe fouruoye, & retient en affeurance celuy qui ne s'eft point encor efgaré : tel
que celuy-là ie m'oferay qualifier fous la faueur diuine , de laquelle ie ne fuis que caufe
feconde en cefte petite euulgation. C'eft la
verité que ie te fais prefent de ces fecrets fpa-
gyriques tirez du plus profond de mon cœur,
affin que tu en vfes pour l'vtilité de ton prochain , & pour le profit de l'efcolle Spagyrique; ne croy pas que ce foient des inuentions
friuolles, d'autant que ie t'affeure d'auoir eu
la curiofité moy mefme d'en faire l'experience à mes propres defpens ; ie te les donne
neantmoins comme nouueaux. La raifon eft,
parce que ie n'en ay iamais veu l'vfage parmy
les medecins. Affeure toy que mon intention
n'eft pas de te faire des comptes aux vieux
loups(comme l'on dict communement)parce
que ie hay cela plus que toute autre chofe du
monde , comme n'eftant propres que pour
amufer les femmes vieilles aupres du feu. Outre

Quelques-vns
de ces fecrets
lefquels i'a-
uois commu-
niquez à cer-
tains mede-
cins ont efté
preparez pour
noftre Empe-
reur Rodol-
phe 2.

ADMONITOIRE. 5

tre ce ie tasche de ne te point ennuyer d'vn goulphre de discours, comme les lieux ausquels ie les ay puisez, où ie voy vn nombre infiny d'escoliers en medecine se perdre & submerger. Toutesfois par vne charité Chrestienne esmeu au profit & vtilité du public, principallement des malades, ie t'ay faict present de cecy que i'ay acquis, parmy la fatigue de mes voyages, tant en France, Espagne, Italie, Suisse, Hongrie, Boheme & Pologne, des plus experts & renommés Chymistes, tant par la courtoisie de quelques vns, que par mes propres deniers. Ie ne veux pas dire neantmoins que ie les tienne tous de ceste façon, estans la plus grande partie sortis de ma propre industrie & experience en l'art de medecine, affin que les nourrissons de la doctrine vrays amateurs de la verité puissent voir en abregé ce que les autheurs ont obscurci dans leurs escrits. Cher Lecteur sois asseuré que ce ne sont point opinions fausses, ou pour mieux dire charlateries telles que la plus part a accoustumé d'escrire auiourd'huy; ains comme ie t'ay desia dict, appreuuées par la mere de la verité, qui est l'experience, laquelle ne sçauroit estre arguée en façon quelconque; & par ce moyen (apres vn cours annuel de Platon) ie te donray quelques secrets entiers, desquels ie n'auois eu qu'vne demy cognoissance des autheurs; car m'estant acheminé auec vn trauail indicible chez quelques vns, desquels la renommée s'esclattoit presque par tout l'vniuers, & principallement par l'Europe, ie me

Pour l'ordinaire deslors qu'on a vn grand nombre de receptes, il y a peu de vertu.

C'est vn acte de benignité (selon Pline en son epistre à Vespasian) & de iugemēt de confesser ceux desquels nous tenons nostre sciēce.

A 3   suis

suis treuué fruſtré de mon eſperance, d'autant
que leur preſence a beaucoup amoindry leur
renom chez moy ; car ce qu'ils croyent eſtre
grand ſecret, n'eſtoit que choſes triuialles &
communes, ou s'ils auoient vn bon ſecret, il
clochoit d'vn coſté , ſi bien que i'ay eſté contrainct de ſuppleer à leur deffaut, ayant touſiours comme i'ay deſià dict faict moy-meſme
l'experience. C'eſt la verité, qu'auec ces gens
il m'a fallu faire comme l'ordinaire des Chymiques, καὶ δὸς τὶ ὦ λάβε τὶ ; car prenant quelque choſe d'eux , ie leur ay rendu la pareille,
& voire plus , veu que iamais ils ne me don-
noient vne noix , que ie ne leur rendiſſe vn
œuf. En fin quoy qu'en ſoit, i'ay tant faict par
la continuité de mon trauail, que i'ay ſorty le
noyau de l'eſcorce, ou pour mieux dire , l'eſcorce du noyau ; d'où eſt arriué que ceux leſquels ont eſcrits des ſecrets ſpagyriques ſelon
le rapport des autres , ſans en auoir faict aucune experience (qu'il ne leur ſoit point fâ-
ſcheux ſi ie dis cecy) ont non ſeulement perdu leur temps, ains encore ont abuſé les autres , & leur ont faict deſpendre vne grande
partie de leurs moyens. Auſſi Lecteur croy
moy qu'il n'y a que Vulcan, auquel les anciens
Poëtes ont donné le tiltre d'inuenteur des
arts, lequel puiſſe donner vn vray teſmoigna-
ge des experiences. Ceux leſquels à mon exé-
ple ne ſe veulent fier à autruy , confeſſeront
ingenuement qu'il vaut mieux en faire ſoy-
meſme la preuue, & à ſes propres deſpens, par
le moyen de la fournaize Chymique , affin
d'en

d'en eſtre plus aſſeurez, que de s'en rapporter
aux charlatans, la couſtume deſquels n'eſt que
de donner des bourdes à ceux leſquels mal-
apprins ſe veulent fier à leurs caiolleries : &
tout ainſi comme il y a beaucoup de diſtance
des parolles aux effeçts, de meſme auſſi y a-il
beaucoup de difference de la Theorie à la practique ; celuy donc lequel s'en rapportera à
telle ſorte de gens le pourra experimenter :
car ſans doubte il ſera deceu par ceux-là meſme leſquels ont eſté trompés auant luy. C'eſt
pourquoy en faiçt de ceſt eſtude, il faut ſoy-
meſme mettre la main à l'œuure, & ne s'en
fier au rapport d'autruy, ſi l'on n'eſt teſmoing
oculaire de l'experience : car alors ils pourront
auec plus de franchiſe iuger de la verité, ou
fauſſeté de la choſe. Et parce que ſelon Æſchy-
lus celuy eſt reputé ſage ; ὁ χρήσιμα ἐχ' ὁ πολλ'
εἰδὼς, lequel ne ſçait pas beaucoup, mais eſt aſſeuré que ce qu'il ſçait eſt fort bon & vtile :
l'ay mieux aymé te faire ce petit, mais tres-aſ-
ſeuré preſent, te diſant à l'exemple de Dama-
ſcene ; contente-toy d'auoir peu de medicaments ; pourueu que tu ayes ſouuent faiçt la
preuue de leur vertu & efficace. Toutesfois en
ce peu ie te puis aſſeurer auec verité, qu'il n'y
a ſecrets plus certains parmy tous ceux de la
nature, que ceux-cy, excepté ceſte vniuerſelle
medecine ; laquelle eſtoit enſeignée des premiers ſages au commencement du monde,
comme vn miracle tres-ſingulier, ὲ γὰρ ἐν τῷ
μεγάλῳ τὸ εὖ, ἀλλὰ ἐν τῷ εὖ τὸ μέγα. Car ce n'eſt
pas en la multitude qu'eſt la bonté, mais c'eſt

Il faut ap-
prendre d'e-
ſtre ſage par
les fautes
d'autruy, affin
de ne ſe point
repentir apres
qu'on aura
fait les deſ-
pens.

Voy Ana-
xagoras en
vn liuret
περὶ τῶ ἐν-
ϑρωπῶν φυ-
ſικῶν.

en

Les fruicts &
la grande vti-
lité recom-
penseront de
reste le temps
& le trauail
de l'ouurier.

la bonté qu'est la multitude. Si neantmoins
le sage Philosophe veut prendre peine de s'e-
studier à la recherche des secrets de la nature,
sans apprehender la difficulté des experiences,il en sortira plus de ces inespuisables gre-
niers,que iamais il n'en aura promis,pourueu
que le ciel vueille seconder ses desseins. Mais
quelqu'vn me pourroit demáder si i'ay fait la
preuue des forces que i'ay assignées àvn chascun de ces secrets,auquel ie respondray sans
rougir que non,me cótentant que l'vsage que
i'ay de cest art,& l'exercice que frequentemét
ie fais de la medecine, m'en donnent vn tesmoignage assez asseuré,dequoy les spagyriques dehà cósommez en la Chymie,rassasiez
de la vraye liqueur philosophique,lesquels de
plein abord peuuent censurer les inepties,
en donneront leur aduis par la facilité d'vné
simple coniecture;Aussi c'est à ceux-là,& non
aux ignorans,ausquels ces preparations se
veulent addresser, n'ayans rien de commun
auec l'ordinaire des Alchymistes,de peur d'e-
stre taxées de calomnie:car τὰ τῦ τεχνίτε σφάλ-
ματα,τῆς τέχνης ἐ νομίζεται,l'on croit que l'erreur de l'ouurier prouient tousiours de l'art,
& principallement ἐχειρατικοῖς, quand il s'agit
de mettre la main à l'œuure. Ie ne fais point
de doubte que les autres vertus appreuuées
par le long vsage des Chymistes,lesquelles ie
mets maintenant en lumiere,ne puissent contenter le desir des curieux amateurs des secrets de la nature. C'est pourquoy les vrays
& doctes medecins poussez d'vn esprit de
charité

Celuy lequel
par la trop
grande stupi-
dité de son
esprit ne peut
obtenir l'effet
de son desir,
ne doit pas
attribuer la
faute de son
ignoráce à la
nature, ny à
moy, ains à
soy-mesme.

charité par la follicitation d'vne douce mifericorde à l'endroit de leur prochain, fans efgard à fa condition, lefquels felon Dieu ne s'en veulent fier à perfonne, de peur que la fraude & fophiftication ne marche (comme il arriue fouuent) s'ils ne veulent tromper mon intention, cognoiftront par leur experience qu'il y a plus de proprietez en l'vfage de ces medicaments que ie n'en ay dict, fur quoy i'attefte la verité fille du temps, à fin qu'elle chaffe tout foupçon hors de nous.

Mais en quels flots me vay-ie precipiter? qu'eft-ce que ie doy faire parmy la diuerfité des Critiques iugemens? Ie voy bien qu'il m'eft impoffible de deffendre ma candeur & fincerité enuers le Senat Spagyrique, lequel i'honore de tout mon cœur, fi ie ne prends hardiment le bouclier en main, tant pour reparer les dards que me lanceront mes aduerfaires, que les langues des ignorants, lefquels pouffez d'vne malicieufe enuie, vray tefmoignage de leur impertinence, tafchent de mettre toutes chofes à mefpris.

L'ignorance, la fuperbe, & la malice, font compagnes infeparables.

Ce n'eft encor tout: car i'entends defia les plus fecrets Philofophes Hermetiques, s'efleuer contre moy, difans, que ie leur fais tort de diuulguer & mettre au iour ces fecrets de la plus grande partie defquels ils faifoient leur profit, les ayants appris par vn long & frequent eftude. Et de fait ils auroient raifon s'il me femble, n'eftoit que l'vtilité publique doit plus auoir d'authorité

que

que leur proffit particulier. Ie ne me soucie
pas trop qu'ils m'appellent fracteur du seeau
Chymique, ennemy du silence Pythagori-
cien, qui n'a point de memoire des loix Hy-
pocratiques τὰ ἱερὰ ἱεροῖς, lesquelles comman-
dent que les choses sacrées ne soient rendues
triuialles au commun des hommes, ains tant
seulement aux doctes qu'elles appellent sacrez, comme en estant seuls capables. Seulement ie me contente de mettre hors de la
trop longue & obscure prison de l'enuie la
verité Chymique, & l'ayant desliurée & sor-
tie, la communiquer auec toute sorte de fide-
lité à nos nepueux; mais parce que ceux-là
d'autant qu'ils sont vrays heritiers de la Sapience, pour l'amour qu'ils portent (ou du
moins doiuent porter) à Dieu, & à leur prochain, ayant fermé la porte à l'enuie, comme
vrays citoyens du regne Philosophique, esleueront les yeux de leurs cabalistiques esprits;
auec vne ferace asseurance, qu'en la caballe &

Siracid. chap.
43. sect. 36.
37.

magie Vvoarchadumienne & naturelle y a
beaucoup d'autres secrets & thresors plus
precieux, desquels ils pourront auoir la cognoissance par le moyen de leurs veilles &
trauaux accompagnez de la lumiere naturelle; c'est là verité qu'à la fin ils doiuent estre
manifestez à toute sorte de personnes indif-
féremment. Les Cabalistes font vne trine di-
mension des siecles, ne plus ne moins que
des personnes diuines, donnans au Pere le
temps auant le deluge & cataclysme vniuersel, lequel ils appellent temps Aquatique; Au
Fils,

Fils, celuy qui suit apres iusques au iour du
mystere de nostre redemption, lequel ils appellent sanglant; Le troisiesme est attribué à
la tierce personne, c'est à dire au S. Esprit,
lequel ils appellent temps du feu. Qu'à chafque personne de la tres-saincte Trinité son
siecle soit attribué, il est facile à preuuer par
le trine compartiment des douze articles de
nostre foy, lesquels correspondent aux douze
heures du seul iour que doit durer ce monde;
Or donc les vrays & sages amateurs de la
science ne porteront aucune enuie à ce petit
eschantillon aggreable à la posterité, duquel
fauorisé de la lumiere naturelle i'ay fait vne
preuue fort exacte; Ie le donne librement,
mais aux beaux esprits, d'autant que ceux-là
lesquels n'auront exercé la Chymie, ignorans,
sans aucune experience manuelle, n'ont garde d'en approcher ne plus ne moins que les
prophanes des mysteres Theologiques entre-
lassez & enueloppez parmy les diuers destours de la Philosophie.

Mais venons aux sectateurs de Theophraste, enfans adulterins sans aucune cognoissance de leurs peres (race meschante & enuieuse) lesquels se veulent esleuer, poussez par la
rage de quelque furie infernalle, forcenans
& taxans à tout moment ma sincerite, ne
pouuans supporter en aucune façon que d'o-
resenaduant (par la fiction de leurs experiences couuertes du manteau de pieté par des
diuerses & vaines promesses) leurs miserables impostures ne puissent auoir lieu enuers
ceux-

Zephan.
chap.3.sect.9.
Malach. 4. v.
5.6.
Zach.14.v.9.
Siracid 48.
sect.10.11.12.

Ceux-là seuls
qui en sont
dignes les
pourront en-
tendre: l'en-
tends ceux
lesquels ont
esté illuminez
du Ciel, à rai-
son dequoy
on ne doit
iuger teme-
rairemen: s'il
n'a cogneu au
preallable la
verité de la
chose; quoy
fait il peut
par apres
donner sa
sentence.

Ces person-
nes cherchent
la loüange de
leur esprit par
le larcin
qu'ils ont fait
des secrets, les
taxans neant-
moins comme
ineptes & sans
vertu.

ceux-là lesquels estoient faciles à deceuoir
par leur peu de malice; Ie parle de ces Theophrasticiens, lesquels (comme il arriue
souuent) par la grauité de leur face ou maintien, ou par la valeur de leurs habits; ayans
appris quelques sentences en la compagnie
de quelques gens capables laquelle ils ont fre-
quenté par leurs astuces & finesses; de ces sentences dis-ie ils en font par apres trophée en
temps & lieu, donnans à croire par ce moyen
qu'ils sont doctes & bien versez aux sciences, & en ceste façon ils s'acquièrent la bien-
veillance des grands Princes, lesquels leurs
permettent mettre en vente ces medicaments
sophistiques pour l'ordinaire, & neantmoins
couuerts du manteau de la Chymie; semblables à ces antiques Pharisiens, lesquels soubs
feinte de deuotion cachoient finement leur
malice soubs la peau d'vn renard. A raison
dequoy ces meschans & affamiez imposteurs,
plus dignes d'vne corde que de misericorde;
desquels la seule ombre porte plus de dommage que de proffit; trompans & affrontans
la plus grande partie des hommes, ignorans
leur façon de viure, s'attribuent le nom de
vrays medecins Chymiques : chose autant
esloignée de la verité, que le Ciel empyrée
de la terre. Ceste maudite engeance dis-ie
peruerse & adultere, laquelle ne fait profes-
sion que de tromperie, ayme cent fois mieux
pour l'ordinaire auoir beaucoup de renommée, que de l'auoir bonne; la raison est qu'ils
veulent acquerir par leur meschanceté ce qui
leur

leur eſt deſnié par la vertu , en eſtant tout à
faict deſpoüillez & deſtituez. C'eſt pourquoy
telle ſorte de gens doiuent eſtre bannis &
excommuniez de la compagnie des vrays Philoſophes , d'autant qu'ils ſont indignes de la
cognoiſſance d'aucun myſtere diuin ou ſecret
de nature , comme eſtant la ſeule cauſe & le
ſubjet que ce tant celebre nom de Chymie
eſt preſque infame & abominable , non ſeulement parmy les ruſtiques & ignorans leſquels meſurent la ſcience des doctes à l'auſne
de ceux-cy ; ains encore parmy ceux leſquels
font profeſſion de ſçauoir quelque choſe.
Telle ſorte de gens ne me ſçauroiét offencer,
eſtant plus dignes de la hart que de l'autel,
voila pourquoy ie ne ſuis point faſché qu'ils
s'eſleuent contre moy , parce que leurs ca-
lomnies redonderont à mon honneur & à
leur dommage.

Quant aux Galeniſtes , ie ſuis certain que
la plus ſubtile partie (laquelle par crainte de
l'excommunication de quelques anciens Ra-
bins d'Athenes , n'a oſé mettre au iour la verité) en ſera grandement ioyeuſe , embraſ-
ſant ceſte lumiere du plus profond de ſon
cœur. Toutesfois , ie prie le Ciel qu'il ban-
niſſe loing de moy , & rende vain l'augure fa-
tal qui ſe preſente deuant mes yeux : car ie
crains que du contentement de la reception
de ce mien ouurage , ne ſorte & s'engendre
vne grande enuie , marris que ie l'aye fait
voir au public , ſi bien que ſoubs feinte de
meſpris ils s'en ſeruiront , neantmoins à tout

moment

Ce n'eſt pas
le vice de ceſt
art, ains ſeu-
lement des
hommes qui
en abuſent.

Là où l'enuie
& la haine ont
authorité le
iugement eſt
aueugle.

moment, en cachette, fans aucune benediction de Dieu, ils feront femblant de le rejet-
ter bien loing auec vn froncement de four-
cil. Mais comme la vertu eft pour l'ordinaire
regardée auec les yeux de l'enuie, laquelle eft
la vraye compagne des eftudians en medecine, voire mefme il eft impoffible que le Ciel
puiffe complaire à tous, eftant la nature des
hommes tellement corrompuë & deprauée,
que lors qu'vn demande la ferenité, l'autre
fouhaite la pluye; Miferables plus dignes de
la colere que de la mifericorde celefte; auffi
voyons-nous ordinairement telles perfonnes
melancholiques & defcharnées portans (s'il
faut ainfi parler) leur Purgatoire auec eux,
duquel ils ne font iamais deliurez qu'à la totalle abnegation de leur enuie.

 Pour l'autre partie des Galeniftes, laquelle
ennemie de la verité s'eft vonluë rendre compagne de l'erreur, deftituée de toute humanité & philofophique literature, fe mocquera
de ma bien-vueillance enuers la republique
Chymique; toutesfois il n'y a rien plus iniu-
fte felon le Comique, que d'auoir accez auec
ces Mefochymiques enfeuelis encore dans
le bourbier & pouffiere fcholaftique, l'efprit
defquels ne fçauroit comprendre aucune chofe tant peu fut-elle fublime & releuée, voire
mefme ils ayment mieux mourir dans la craf-
fitude de leur ignorance, que de s'aduoüer
difciples de ceux, lefquels bien verfez font
profeffion de Lecteurs en medecine. Cependant que perfonne ne s'eftonne, fi ces info-
lents

Ie ne m'eftu-
die pas de
plaire à tous,
veu mefmes
que ny tous,
ny toutes
chofes ne me
plaifent pas à
moy.

L'Alchymie
eft diuifée en
deux, fçauoir
la naturelle,

lents contempteurs des beaux secrets de la
nature, ont en horreur le nom de Chymie,
ayants iusqu'à present sans hôte ny demy, par
vne sotte & barbare arrogance, fait leur jouet
de cest art tout diuin, pauures ignorans font
comme les chiés, lesquels sans cesse abbayent
contre ceux lesquels ils n'ont encore cogneu;
de mesme telle sorte de gens superbes au milieu de leur ignorance abbayent contre la
Chymie, n'en ayant pas seulement encore
veu le marche-pied, ou sueil de la porte; ils
peuuent neantmoins auoir vn motif lequel
les excite à cela, sçauoir le despit: car n'ayans
aucunes armes pour pouuoir renuerser la verité & noircir les pierres precieuses, ils sont
contraints de se seruir des iniures, affin de
couurir l'ignorance de leur folie. Mais comme toutes choses ont naturellement quelque
principe d'où elles sont deriuées, aussi ceux-
cy ne sont sans moteur & capitaine aussi sot
& ignorant que ses sectateurs. C'est ce venerable Binarius, par reuerence calomnia-
teur, lequel est contrainct de confesser soy-
mesme, qu'il n'entend aucune notte à ces celebres preparations. C'est la verité qu'on n'appelle point les choses incogneuës parce
qu'on n'en sçauroit porter aucun iugement
asseuré, comme des certaines & cogneuës,
sans encourir le nom de temeraire. Ce n'est
donc sans raison que ces escoliers, lesquels n'ont iamais visité le sanctuaire de
la nature, condamnans les estudes extra-
ordinaires doiuent estre intitulez & notez de

laquelle doit
estre en esti-
me par les en-
fans de l'art,
& la sophisti-
quée laquelle
doit estre en
horreur par
les mesmes.

ce

ce nom de temeraire, veu mefmes qu'iniu-
ftement ils vfurpent les tiltres & honneurs de
vrays Philofophes & Medecins, foubs quel
nom ils tirent l'argent & folde publicque, fi
pouffez ou conuaincus de la verité ils admirent ces beaux effects, ou pluftoft miracles magiques de la nature auec le commun:
Mais ô merueille eftrange que nonobftant
tout cela ils ne ceffent de mefprifer vn grand
nombre de Medecins tres-fameux, meritant
d'eftre mis en parallele auec les plus doctes
& experts de noftre temps aux fecrets de la
nature; d'autant que ceux-là (quoy que verfez en l'vne & l'autre Medecine, tant ancienne que moderne) inftruits tant par la lecture
des bons & legitimes Autheurs, ou de la lumiere naturelle par laquelle ils ont efté ef-
clairez, que de leur propre experience, ne
defirent aucunement la vanité des honneurs
mondains, confiftans en degré de Doctorat,
ou tiltre d'authorité, defquels iamais Galien
ny Hyppocrate, ny tant d'autres celebres perfonnages ne fe font voulu glorifier, de peur
qu'ayans manifefté la verité, ils ne fuffent
contraints de iurer (felon les Ethniques erreurs) en la prefence des Dieux fcholaftiques
de mourir en leur Academie. Ce n'eft pas que
ces grands perfonnages n'euffent merité le
prix, & couronne par deffus les autres ; prix
qui eftoit anciennemét le plus puiffant efpe-
ron pour exciter les hommes à la vertu. Toutesfois auiourd'huy & principalement aux
Vniuerfitez ou Colleges de Medecines l'on
ne

Iob. 5. v. 44.
Voy Paracelfe
Tom. 5. aux
fragments de
medecine fol.
167.168.
  C'eft vne
grande tyran-
nie de tenir
captifs en cer-
tains autheurs
les efprits des
eftudians leur
oftant la li-
berté de cher-
cher, & fuiure
la verité.

ne fait point scrupule de conscience, de donner les tiltres de Docteur (soit par prieres ou par argent) à des personnes autant incapables du bonnet que de la robbe. Ie ne parle pas de ceux lesquels par l'assiduité de leurs estudes se sont rendus dignes de monter en chaire pour manifester leur doctrine. Mais retournons à nos ignorants, lesquels apres auoir suiuy deux ou trois ans les enseignements, lesquels sont dans leurs cayers, ils les abandonnent procedants d'vne methode toute nouuelle, excusans la lourdise de leurs fautes, soit que le malade meure, ou que par hazard il viue ; en fin la quatriesme, cinquesme, & les suiuantes années passées sont contraints de recognoistre à leur grande honte & confusion, par vn cōtinuel remords de conscience, leur incapacité en la medecine ; & c'est à lors qu'à bon droict ils deuroient estre en crainte si les Theoremes de Galien, destinez autant pour les hommes que pour les brutes, ou sa methode en fait de medecine, (n'ayant esté establie de l'authorité d'aucun ancien, par laquelle toutesfois nostre siecle triomphe) ont quelque bon fondement, parce qu'il semble à veuë d'œil qu'aux grandes maladies la fin ne correspond point à son principe, sur ce ils apportent les autres sciences lesquelles ne seruent de rien en ce lieu, ignorans la grandeur & amplitude de la medecine (laquelle nous fauorise beaucoup, si elle nous donne la cognoissance de sa perfection sur nos vieux iours) & quoy que telles person-

Cela se fait non par science, ains par argent ou faueur.

Les fautes de tels medecins sont couuertes par la terre, ainsi que dit Socrate, parlant des medecins temeraires lesquels se iouët du cuir humain, ou pour mieux dire, de la vraye image de Dieu, & erigent des Cimetieres au detriment & damnation de leur ame.

Dieu seul est le maistre & Seigneur de la nature. Combien que les tiltres ou degrez de dignité donnét plus grande authorité & renommée en ce monde, ce qui n'est que vaine gloire: toutes fois ces choses la ne rendent aucu ne personne plus docte ny plus sage. Dediscenda deliramenta. Le monde est regi & gouuerné par ses opinions.

nes n'ayent aucun argument de leur ineptie & ignorance, que l'obseruation & labeur des autres duquel ils font trophée, ils sont neant-moins à la fin contraincts de se despoüiller de leur arrogance ; par laquelle ils se vou-loient esleuer dessus les autres, & confesser en despit de leurs dents qu'ils ne sont ny do-cteurs aux choses naturelles, ny mesmes bons escoliers ; si bien qu'ils sont forcez de renai-stre vne autre fois, & à leur honte reprendre les rudiments en main, s'ils veulent auoir quelque authorité & renom parmy le peuple. Helas ! combien se treuue-il de gens sembla-bles, & de mesme estoffe lesquels s'en sont plaincts à moy. Ie ne veux pas dire de ieunes gens: car ils ont encor assez de temps pour se perfectionner, mais de ceux lesquels ont desia le chef couuert d'vne cheuelure neigeuse, ayant passé la meilleure & plus grande partie de leur aage parmy les communes vanitez, scholastiques sans s'adonner à la practique, se contentans, sans aucun fruict, d'apporter les opinions des autres Médecins ὅμοιοι καρκίνοις μασσωμένοις, οἱ δ' ὀλίγου τρόφιμον περὶ πολλὰ ὀστέα ἀσχολοῦνται ; semblables aux mangeurs d'escreuisses, lesquels parmy vne grande quan-tité des os, ne treuuent que bien peu de vian-de, parce qu'ayans recogneu la douceur de la vérité, & allechez par icelle, apres la cognois-sance des si longs destours, & sottes persua-sions lesquelles pour l'ordinaire ne traisnent qu'vne grande file d'erreurs, ils en font peni-tence ayans au prealable quitté les empesche-mens

mens de la science, lesquels n'estoient autre
chose que leur opinion & vaine-gloire. Et à
l'exemple de Diogene n'ont pas honte d'estu-
dier en leur vieillesse, comme estant chose fort
honnorable, mesmes qu'ayans comencé leur
course, il seroit inepte de la quitter, & s'ar-
rester au milieu. C'est le propre du serpent de
quitter sa vieille peau pour en prendre vne
meilleure & toute nouuelle, à l'imitation duquel l'homme prudent & sage se doit gouuerner : car ayant laissé son arrogance & vaine
gloire, il doit consommer son aage à la recherche des secrets de la nature, & se rendre
totallement escolier & disciple Chymiste,
& du grad liure de grace auquel le salut eternel de nostre ame est escrit, il doit soigneu-
sement fouiller l'autre, sçauoir, le liure de la
nature, où il est traicté des choses apparte-
nantes à la santé du corps humain, se prenant garde de ne point oublier les principaux
thresors d'icelle, ausquels la vertu medecinale a esté donnée du Ciel. Mais affin
que par vn miserable erreur ils ne finissent
leurs iours parmy l'obscurité des ombres superficielles, ou des qualitez externes de Galien, par le labeur de leur vieillesse ils ont ba-
sty vn temple, ou artiste monument à la nature

Marginal notes: Dieu est le premier liure pour la vie eternelle, & la regle de la vie ne vient d'autre que de Dieu.

Le firmamēt ou le ciel, & tout ce qui est enclos en iceux est le second liure de la nature pour la vie mortelle : car on doit puiser la science naturelle des astres.

La felicité de la vie presente consiste en la cognoissance de la nature, & partant apres les choses eternel-

les le principal est la diligente recherche des secrets de la nature aux choses temporelles. Le medecin expert ou maistre de la lumiere terrestre ne se
repent point de ceste cognoissance, voy Agrip. liu. 6. cp. 6.

Les medecins mondains & auaricieux se laissent librement emporter au
desir de l'argent ou de l'honneur propre, bien que la fin de la medecine
ne soit pas l'amas de l'argent, mais la manifestation des secrets de la nature, & de l'amour du medecin enuers son prochain malade.

ture, à la perfection de laquelle (felon la tres-
claire cognoiffance du Createur) ils font paruenus, tant par vne curieufe recherche & admiration des œuures de Dieu , que par vne
laborieufe examination des creatures ; c'eft
à dire des chofes naturelles , fauorifez d'vne
parfaicte & philofophique augmentation.
Mais d'où ie vous prie, ce fruict fi doucereux,
fi ce n'eft par la grande affiduité de leurs veilles & trauaux, affin qu'à l'aduenir eftant medecins confirmez (par la multiplicité de leurs
experiences) & appellez aux licts malades,
où il n'eft pas befoing πολυγλωτία de beaucoup de difcours , ains πολυπραξία d'vne belle
& methodique operation pour leur fanté. Et
de fait en ceft art on ne demande pas des externes allechemens , moins encor la fom-
ptueufe recherche d'vne grande quantité de
feruiteurs , ny du tefmoignage de leur ignorance, par vne affecterie de langage, duquel le
vulgaire des fuperbes medecins fe plaift ordinairement (ayans en horreur l'office de leurs
anceftres) lefquels conduits & allechez par
l'auidité du lucre , ne demandent autre chofe
que d'auoir des malades riches & opulents,
au mefpris des pauures neceffiteux. A telles
gens pour l'ordinaire l'on remarque cefte malicieufe enuie ; car (fouz pretexte de vouloir
apprendre quelque chofe des medecins Chy-
miftes , lefquels ils appellent charbonniers)
ils tirent leurs fecrets , defquels voulants fe
feruir à l'aduenir, ils tafchent par le bouffife-
ment de leurs parolles de les aneantir , les
rejet

rejettants & condamnants, voire (qui pis
eſt) les deffendants comme peſtiferez venins:
Mais voyons s'il vous plaiſt leur ambition &
cautelle, laquelle n'eſt autre que par vn lar-
recin menſonger, de s'attribuer l'honneur
qui eſt deu à l'inuenteur, deſpoüillants par
ce moyen les bien-facteurs, & inuenteurs
des arts de leur merite, affin que plus com-
modement ils ſe ſeruent des ſecrets & medicaments, leſquels ils ont acquis par leur aſtuce & tromperie, & à la verité tels Apulées
couronnez & veſtus des deſpoüilles du Lyon,
ou du Renard meritent pluſtoſt (& par le commandement de Pythagore) de prendre leur
repas dans vn pot à piſſer, que d'auoir l'entrée du ſacré bain de Diane. Et de fait ſe jet-
tans en ceſte ſorte dans le iardin Chymique,
il ne falloit iamais leur mettre ces belles &
precieuſes laictuës deuant, ains ſe contenter
de leur preſenter les chardons & chauſſe-
trapes, viandes tres-propres pour le temperament de leur eſtomach. Toutesfois (puis
que ſelon le iugement des ſages, on ne doit
s'arreſter aux parolles des fols, à l'imitation
du pot boüillant, lequel ſe rit de l'attaque im-
pertinente des mouſches) les volontez de
quelques-vns renduës plus faciles & courtoi-
ſes à mon endroit, ayans quitté la violence de
leur cenſure, auec la haine de la verité, par
leſquelles ils taſchoient de rendre ſuſpects
les dons que i'ay receus de Dieu, me donnent
vne meilleure eſperance. I'ay touſiours neantmoins voulu excepter les bons en ce diſcours,

Les fautes de quelques particuliers ne doiuent eſtre tirées en conſe-quence au deſaduantage de pluſieurs.

B 3 comme

comme n'eſtans en aucune façon coulpables,
content de donner l'entrée de ces douces &
cryſtallines fontaines à quelques ſectateurs
de l'antique medecine, leſquels tous les iours
rejettent & remettent ſur l'enclume de leur
iugement la doctrine des anciens medecins;
voire meſme par vne certaine enuie & em-
miellée malice, ils laiſſent en arriere les me-
rites de Paracelſe en ſa pratique.

Mais combien que la trop grande abondance des accuſateurs ſoit ſouuenteſfois en-
nuyeuſe & ſuſpecte aux Iuges & Magiſtrats:
touteſfois i'ay voulu inſerer ceux-là en ce lieu
à cauſe de l'iniuſtice du mode, & principalement en ce temps auquel la malice des hômes
ſemble eſtre tout à faict deſchainée, par le re-
froidiſſement de la charité fraternelle. Ie m'aſſeure neatmoins que ie n'ay rien dit qui ſoit
ſuperflus & hors de propos : car ce diſcours
n'offence aucunemét l'honneur & reputation
des doctes medecins, l'ayant ſeulemét ourdy
contre les ſeuls eſclaues de la ſuperbe ignorance & enuie, leſquels ordinairement contre
leur conſcience à la honte de Dieu, & de la
nature (s'il eſt permis d'ainſi parler) & au dômage de la republique medicale, taſchét, voire
attaquent de tout leur pouuoir la verité Chymique : Touteſfois auant que ie commence
la deſcription des remedes, il eſt neceſſaire
que ie traitte quelques poincts en ceſte Preface Admonitoire, leſquels neceſſairement le
medecin doit ſçauoir.

Et premierement, qu'elle eſt ceſte medecine

cine cogneuë de peu de medecins, laquelle a
la force de chasser les maladies du corps humain, à laquelle est adioustée l'entiere & absoluë description philosophique des elements,
& de l'homme, description neantmoins enue-
loppée dans les tenebres de l'oubliance, vraye
& naturelle mere des ignorans.

Secondement, où, & en quelle part cette
medecine est cachée.

Tiercement, de combien d'escorces elle
est couuerte, & combien de fois il la faut rei-
terer affin qu'elle soit preparée selon vn vray
& conuenable artifice.

En quatriesme lieu, par qu'elle vertu elle
agit au corps humain, & en quelle façon elle
expulse & chasse les maladies.

Cinquiesmement, quel medecin elle demande & requiert.

En dernier lieu, de la medecine vniuerselle des anciens, tant chantée & renommée par
plusieurs, mais cogneuë & veuë, ie ne veux
pas dire possedée de bien peu d'hommes; sur
la fin au lieu d'epilogue, quelque chose pour
la deffence de la verité.

---

§.

De la vraye medecine.

LA vraye medecine de laquelle nous auons
deliberé de parler, fauorisée par l'assistance du Ciel, est vn pur don de Dieu, lequel ne
peut estre enseigné des Payens, ains seulement

Sirac. chap.
34. sect. 20.
chap. 37. voy
le labyrinthe
des medecins
chez Paracel-
se.

E 4

ment du recteur de la supreme vniuersité, lequel est incapable d'erreur en quoy que ce soit, à raison dequoy la sapience ne peut estre tirée des creatures, ains de Dieu, lequel seul sçait tous les secrets, & proprietez de la nature, comme en estant luy-mesme l'astre influent, fabricateur & inuenteur : car il est impossible de les si bien apprendre d'vn precepteur ou professeur mortel, ou par les escrits, lesquels ne sont qu'ames mortes, que de celuy qui est le tres-parfaict architecte de tout le monde, sçauoir Dieu tout-puissant, la chaleur

Matth. 18.
Ioan. 6. psal.
58.

duquel influe dessus nous, ne plus ne moins que celle du Soleil dessus les plantes, moyennant laquelle il les produit & entretient ; car qu'est-ce que l'homme a en soy, qu'il ne l'aye tiré du Ciel ? asseurement nous tenons toute nostre science du premier homme, & le premier homme la tient de Dieu, come de la cause premiere, lequel l'a creée auec soy ; le Medecin doit naistre de la lumiere naturelle, home inuisible, & ange interieur ; de la lumiere

En vain le maistre enseigne le disciple qui n'est pas nay à la science par l'influence des astres.

naturelle, dis-je, laquelle instruict & enseigne les hommes comme vray docteur ; ne plus ne moins que le sainct Esprit par des langues de feu enseigna les Apostres. Quant à la confirmation de la medecine elle ne peut prouenir que de la practique ou exercice iournalier qu'on en faict, parce que c'est sa seule lumiere laquelle est fondée, non pas aux institutions humaines, ains celestes & diuines. Or puis qu'elle n'est pas fondée sur des feintises ou opinions humaines, ains seulement sur la nature,

ture, laquelle Dieu a voulu marquer de son
doigt en toutes les creatures sublunaires &
terrestres, il ne sera pas mal conclu de dire,
& asseurer que Dieu en est le seul fondement;
doncques la medecine n'est autre chose que
la misericorde du Pere celeste creée & incarnée; & donnée pour le proffit & vtilité des
pauures malades & affligez; affin que par ce
moyen ils voyent & touchent auec le doigt,
combien Dieu est misericordieux & bening,
portant & donnant ayde aux affligez, lesquels
pour son amour supportent patiemmént leurs
miseres, le loüant & glorifiant sans cesse. Ceste vraye medecine ou Mumie naturelle, seul
noyau de la nature, est contenuë au soulphre
vital, thresor vnique de toute la nature, quant
à son fondement nous le trouuons dans le
baulsme des vegetans, Mineraux, & animaux,
auquel nous rapportons le principe de toutes
les actions naturelles, lequel encor par sa seule puissance peut venir à bout de la cure de
toutes les maladies, pourueu que (cóme nous
dirons cy aprés) estant deuëment preparé, &
separé de toutes ses impuretez, il soit donné
au malade par vn docte & pieux medecin,
auec vne methode connenable & necessaire.
le fondemént de ceste medecine est la totale
concordance du Microcosme; c'est à dire de
l'homme, au Macrocosme, c'est à dire, grand
& externe monde. Et tout ainsi comme l'A-
stronomie & la Philosophie nous enseignent
qu'il y a deux globes, sçauoir le superieur &
l'inferieur: car la Philosophie nous monstre &

Marginal notes:

La medecine est vne grace donnée de Dieu, les fondements de laquelle ne sont pas les liures des Academiciens, mais l'inuisible misericorde, & don de Dieu. Ces choses cy-deuant escrites sont appuyées sur les vrais fondements & sur l'experience. Ceste essence medecinalle est appellée l'or de la medecine.

La medecine nous est diuinement signifiee par le liure de la nature, c'est à dire, par le ciel, & la terre marqués; en ce lieu peut estre cogneuë & recherchee par la chiromancie, & par la physiognomonie.

enseí

enseigne les forces, & proprietés de la terre &
de l'eau ; & l'Astronomie de l'air & du firmament : la Philosophie & Astronomie ensemble font vn entier & parfaict Philosophe, tant
eu esgard au Microcosme, qu'au Macrocosme,
doncques il est necessaire que le Macrocosme
estant comme le pere, constitue son heritier
le Microcosme, qui est comme son fils, luy
donnant la colligation & correspondance de
l'anatomie externe & mondaine. Le monde
externe est l'anatomie theorique, ou le miroir
auquel le microcosme, c'est à dire l'homme,
se doit regarder ; aussi c'est la verité, qu'il est
impossible de comprendre combien la stru-
cture, & creation de l'homme est necessaire au
medecin : car l'homme & le monde s'accor-
dent, non pas quant à la forme externe, ou substance corporelle, mais en toutes les vertus, &
selon que le Macrocosme est grand & vaste,
de mesme l'est aussi le petit Microcosme, si
bien qu'il n'y a aucun de difference de l'vn à
l'autre, sinon en ce point, que la forme
externe en distingue l'homme d'auec le monde ou Macrocosme, parce que la lumiere naturelle nous enseigne clairement que ce n'est
autre chose qu'vne analogie diuine du grand
au petit monde, c'est à dire du Macrocosme
visible, au Microcosme inuisible, car tout ce
qui est inuisible en l'homme est manifesté en
l'anatomie visible de ce grand vniuers, parce
qu'au Microcosme la nature Microcosmique
est inuisible, & incomprehensible, partant elle
doit donc estre manifeste & visible en sort parent,

Nul medeci-
ne ne peut auoir
vne parfaicte
cognoissance
des maladies
ny du Micro-
cosme sans la
cognoissance
de la lumiere
de la nature,
ou du macro
cosme.

Le macro-
cosme est la
theorie & le
miroir de
l'homme, qui
est le micro-
cosme.

L'homme est
la fin de la
philosophie
& de l'Astro-
nomie.

rent. Les parens de l'homme sont le ciel & la
terre desquels il à esté creé, & celuy est vrayement fils de l'homme, lequel par vne asseurée
cognoissance sçait l'anatomie, voire anatomi-
se ses parens, ayant atteint la perfection des
proprietez de la creature plus parfaicte; d'autant que toutes les proprietez de ce grand
vniuers, sont comme en abregé dans le centre; parce que son anatomie (selon sa nature)
est l'anatomie de tout l'vniuers. Le monde externe porte la figure de l'homme, & l'homme
n'est autre chose que l'abregé de tout le monde; d'autant qu'en luy les choses visibles sont
inuisibles en l'homme; & lors qu'elles se rendent visibles, elles ne sont autre chose que les
maladies, & non la santé, parce qu'il est le
Microcosme & non le Macrocosme. Et c'est
la vraye cognoissance, par laquelle l'homme
est microcosmiquement visible & inuisible;
aussi par la vraye & solide anatomie du Microcosme & du Macrocosme, la doctrine du
sage Medecin est releuée en vn degré plus
hault, & eminent, de laquelle il se peut asseurement seruir en apres, comme d'vn anchre
sacré & infaillible. Si l'on considere l'origine
de toutes les maladies, on verra librement
que la nature tant du Macrocosme, que du
Microcosme, est la medecine, le medecin,
& la maladie tout ensemble; il est necessaire,
selon la nature, que le medecin croisse, d'autant qu'en soy, de soy, & par soy, il n'a rien
que par la nature; la nature enseigne le medecin, & non l'homme, & parce que la matiere

tiere de l'homme est l'extraict des quatre elements ; il faut qu'il aye quelque familiarité auec les quatre elements , & auec les fruicts des quatre elements , voire , il est impossible qu'il puisse viure sans iceux ; car quel d'entre tous les mortels peut estre sans l'air , l'eau, le feu, & la terre, ou les fruicts d'iceux ? Dieu a creé les elemens pour leurs fruicts, à fin qu'ils substantent l'homme par leurs vertus medicalles & nutritiues ; doncques tous les elements externes nous prefigurent l'homme ; si bien que par la cognoissance d'iceux, on partient à la cognoissance du Microcosme, parce qu'ils sont semblables ; voire, entr'eux sont le Microcosme mesme : car aux elements est là mesme anatomie & matiere de l'homme, doncques ils ne sont differents de l'homme que par la forme ; de mesme aux choses naturelles est le feu, l'air, & l'eau terrestre ; d'auatage l'eau, la terre celeste ; semblablement les choses terrestres & igneales, sont l'eau aërienne, en fin le feu aërien, l'eau aërienne, & la terre aërienne. De mesme se treuue-il quatre especes de Mercure, & quatre des metaux, il y a quatre especes de neige, de perles, & d'amethystes ; en fin de quelle chose que ce soit il s'en treuue quatre especes ; sçauoir, la premiere au firmament ou element celeste, l'autre en l'air, la troisiesme en l'eau ; la quatriesme & derniere en la terre : semblablement l'homme est diuisé en quatre ; car Dieu est beaucoup plus admirable aux choses inuisibles , qu'aux visibles, si nous deuons adiouster foy aux parolles

La cognoissance des quatre elements mostre toutes les maladies & les cures de l'homme. La cognoissance de la medecine au monde exterieur doit estre tirée comme du limbe ou centre, d'où depend aussi la cognoissance de l'homme. Chasque element en particulier parfaict sa force & ses operations en tous les quatre elements en general.

rolles de Paracelse ; d'autant qu'il a creé au
milieu des quatre elements, affin d'euiter le
vuide, quatre sortes de creatures, tant ani-
mées & viuantes, qu'inanimées, c'est à dire,
sans ame intellectiue, lesquelles sont comme
hostesses des quatre elements, differentes
neantmoins, quant à l'intellect, sapience, operation, & art, de l'image de l'homme, lequel
est le vray pourtraict de Dieu. Dedans les
eaux sont les Nymphes Melosynes, desquelles les monstres ou bastardes, sont les Sirenes
nageantes sur les eaux. Sur la terre sont les
les loups-garoux, sylphes, & les monstres
desquels sont les Pigmées. Par l'air, c'est à dire nostre monde aërien, sont les ombres &
satyres, lesquels ont les geants pour vterins
& bastards. Au feu, c'est à dire au firmament,
sont les vulcanales, les esprits, & les Salеman-
dres, lesquelles ont pour monstres Zundel.
Ie laisse à part les Flages, lesquelles diuisées
en milliers, Theophraste asseure en ses escrits
qu'elles sont incorporées à l'ame du Microcosme. De mesme il y a quatre sortes de medecine : par exemple le cœur Macrocosmique, sçauoir, le feu, l'air, l'eau, & la terre,
correspondent en tout au cœur Microcosmique, c'est à dire de l'homme ; car en l'homme
toutes les operations sont en vne, ou tout ce
qui est en l'homme n'est qu'vne operation ; ce
qu'il faut entendre de tous les autres membres du corps ; car tousiours les quatre membres du fils doiuent estre correspondants à
ceux du pere, c'est à dire du Microcosme au
Macro

Macrocofme , par lequel moyen nous pouuons librement cognoiſtre quelle maladie
que ce ſoit ; & tout incontinent ſa medecine
laquelle eſt de meſme Phyſiognomie , Chyromancie , ou Anatomie , & de fait quiconque n'a la cognoiſſance de ce fondement , il
ne peut iamais eſtre bon medecin ; quant à
ceſte cognation & affinité du corps Microcoſmique & Macrocoſmiques , elle a eſté
treuuée par les Aſtrologues & Chymiolo-
gues dans les eſcrits des anciens : car l'Aſtronomie celeſte eſt comme mere ou maiſtreſſe
de l'inferieure ; d'autant que chaſcune à ſon
Ciel , ſon Soleil , ſa Lune , & toutes ſes autres Planettes , & Eſtoilles : toutesfois comme il eſt neceſſaire que l'Aſtrologie aye eſ-
gard aux choſes ſuperieures , de meſme eſt-il
auſſi de beſoin que la Chymiologie regarde
les inferieurs. Et quel qui ſoit des noirs Philoſophes , c'eſt à dire Chymiſtes , fauoriſé de
la grace diuine , a atteint le chef ayant pris
garde aux proprietez des corps du globe ſu-
perieur , il pourra auec aſſeurance , & legitimement par vne artificielle analogie accom-
moder & mettre en parallele les aſtres, corps
ſuperieurs ; auec les corps du globe inferieur ;
& par ce moyen il deſcouurira toutes les dif-
ficultez philoſophiques enueloppées dans les
enigmatiques obſcuritez , confeſſant librement qu'il n'eſt plus beſoin de courir aux In-
des ou en l'Amerique pour apprendre la maniere de bien & aſſeurément philoſopher;
d'autant que la bonté diuine a eſté telle en
noſtre

En ſon idée
de la medeci-
ne philoſo-
phique.
Les gouteux
preſagent les
prochains
changements
de temps par
leur douleur.
Les gouteux
ſot propheres
& aſtrologues
outre leur
gré, de meſme
pluſieurs ma
lades preſa-
gent le chan-
gement des
choſes futures
aux quatre e
lements & les
elements in-
ternes de
l'homme pre-
ſentent les
changements
des externes.

noſtre endroit qu'elle a voulu que les aſtres inuiſibles des autres elements, fuſſent repreſentez ſouz quelque figure viſible au ſupreſme element, expliquant clairement les loix des mouuements, auec les predeſtinations du temps ; quoy qu'il n'y aye aucune choſe en toute la baſſe famille naturelle, laquelle par le moyen des aſtres ne puiſſe venir à la perfection de l'Aſtronomie rangée & accommodée par ſes offices predeſtinez : car comme remarque fort bien Paulus Seuerinus de Dannemarc, tous les Aſtres de l'Eſté, de l'Hyuer, du Prin-temps, & de l'Automne ſont contenus en la terre, en l'eau, & en l'air, leſquels s'ils n'eſtoient d'accord auec les aſtres du firmament (auquel ſeul vne multitude de philoſophes par vn commun erreur ont admis & logé toute l'Aſtronomie) nous accuſerions en tout temps de ſterilité les impreſſions celeſtes ; pour la difficulté de la prouiſion future : car il y a deux Cieux, ſçauoir le Ciel externe, comme ſont tous les corps des aſtres au firmament, & l'interne, lequel n'eſt autre choſe que l'aſtre ou corps inuiſible & inſenſible de toutes les eſtoilles celeſtes. Ce corps inuiſible & inſenſible des aſtres, eſt l'eſprit du monde, ou de la nature, appellé Hylech par Paracelſe, eſpars par tous les Aſtres : Et tout ainſi comme ceſt Hylech contient particulierement tous les Aſtres au grand monde, de meſme le ciel interne de l'homme, qui eſt le ciel Olympique, embraſſe tous les Aſtres, & par ainſi l'homme inuiſible n'eſt pas

tant

Comme la raiſon regit les aſtres externes, de meſme la medecine regit les aſtres internes. L'Aſtre de l'homme & du ciel ne ſont qu'vn.

tant seulement tous les Astres, ou la totalité
des Astres : mais le mesme est inseparable
d'auec l'esprit du monde, ne plus ne moins
que la blancheur de la neige, veu que tout
ainsi comme toutes choses sortent & procedent, quant à l'interieur de l'inuisibilité ; de
mesme aussi les substances corporelles & visibles viennent des incorporelles & spirituelles, sçauoir des Astres : & de fait elles sont
corps des Astres, & demeurent dans les Astres, c'est à dire, l'vn dans l'autre ; d'où s'ensuit que non seulement les viuants sensitifs,
ains encore les pierres & metaux, & tout ce
qui est en l'admirable ordre de la Nature, a
son esprit celeste lequel s'appelle Ciel, ou
Astre, ou ouurier occulte, duquel procede
toute la forme, figure, & couleur de la chose.

La formation
de toutes choses est aux
astres de mesme façon que
le fer en l'imagination
du mareschal
Paracelse,
in Paramiro
de Ente astrorum,
de là il faut
tirer & dresser
les natiuités.
Lis Paracelse
in Paramiro
de Ente astrorum.

Et de ce propre & interne Astre, c'est à dire
soleil Microcosmique, appellé par Paracelse
Estre de la semence & vertu ; de ce soleil Microcosmique l'homme est produict, engendré, peint, formé, & gouuerné. Mais quand
nous disons que toute la forme des choses est
faicte des Astres, il ne faut pas entendre des
feux visibles lesquels paroissent au Ciel, ny
des corps visibles des Astres du firmament,
ains seulement le propre Astre de chasque
chose en particulier ; à raison dequoy le firmament superieur n'influë pas les secrettes
vertus specificatiuement à l'inferieur, comme
opine la fausse philosophie, tenant que les
estoilles du firmament influent ses vertus aux
herbes, arbres, & non aux hommes ; chasque

vegetant

vegetant, & sensitif porte auec soy, & en
soy son propre Ciel, ou Astre. Les estoilles
superieures, par le cours du Zodiaque excitent les inferieures, leurs fournissans les ro-
sées, pluyes, & tempestes; mais pourtant il
n'est pas à dire qu'elles leur influent vn Astre
interne d'accroissement: car ny l'odeur, ny
la couleur, ny mesmes tant seulement la forme, ains toute toutes choses proüiennent de
l'Astre ou ouurier interne, & nõ de l'externe;
les Astres externes n'apportét aucune inclination ny necessité à l'homme: car c'est la verité que nous ne tenons pas nos mœurs, proprietez, ou conditions de l'ascendant, ou
constellation des Astres; c'est pourquoy la
raison humaine doit regir & gouuerner les
Astres; or puis que nous ne tenons pas ces
choses des Astres, comme i'ay desia dit, il faut
necessairemét que nous les tenions de la main
de Dieu par vn certain miracle de vie; & puis
que les Astres ne peuuent encliner les mœurs
humaines, il faut dire que l'homme encline
les Astres, infliüant en eux des mortelles impressions par le moyen de sa magique imagination: car si nous, enfans, ne donnions occasion à nostre grand Pere Celeste de s'irriter
contre nous, comme nous faisons ordinairement par l'enormité de nos pechez, il de-
meureroit doux & bening enuers nous; l'en
appelle à tesmoing Paracelse, *In Paramiro lib.*
2. de Origine Morborum cap. 7. Car le cours
externe du firmament & de ses constellations
est libre sans qu'il soit gouuerné d'aucun; de

C   mesme

mefme le cours du firmament & eftoilles du
Microcofme (lequel ne fe paracheue point
materiellement, ains par les efprits des corps)
ce cours dif-ie eft auffi libre auec fes conftellations , fans qu'il endure la domination du
firmament externe : car comme le foleil ou
l'air ne peuuent pas mettre deffus l'arbre vne
pomme ou poire, il faut neceffairement qu'elle croiffe , & foit produitte depuis le centre
iufques à circonference, par le moyen de l'A-
ftre, ou Ciel interne. Or puis que cela ne fe
peut en ce fait, à plus forte raifon le Ciel fuperieur externe n'aura le pouuoir d'influer
aux vegetans, neantmoins les fruicts des A-
ftres , ou femences celeftes aëriennes, terreftres, & aquatiques, ont confpiré & afpiré en
vne republique , comme citoyens d'vne mefme anatomie, à raifon dequoy par vne aggreable viciffitude de focieté, ils fe fauori-
fent les vns les autres. Et cela eft cefte chaifne d'or fi fouuent chantée ; la focieté de la
nature, tant vifible qu'inuifible , le mariage
du ciel & de la terre, l'anneau de Platon , la
philofophie cachée parmy les plus difficilles
fecrets de la nature, pour laquelle nous fçauons que Democrite, Pythagoras, Platon , &
Apollonius, fe font acheminez iufques aux
Brachmanes & Gymnofophiftes , voire plus
outre en Egypte, iufques aux colomnes de
Hermes ; doncques ceft eftude a efté le vray
eftude des anciens Philofophes, lequel (conduits neantmoins par quelque diuine infpiration) femble qu'ils euffent naturellement acquis

Les anneaux Platoniques, & la chaifne Homerique, ne font autre que l'ordre & la difpofition des chofes feruants à la prouidence diuine par vne graduel-le & enchaif-née fympa-thie des cho-fes.

quis , eftude auquel l'infinic , & admirable puiffance,& fageffe incomprehenfible de noftre Createur reluifent en telle façon , qu'il eft impoffible de pouuoir affez admirer & prefcher l'infinité des myfteres reuelez aux creatures par fon ineftimable bonté & mifericorde.

Mais venons aux trois principes naturels lefquels fe treuuent en toutes les compofitions ; Il eft tres-certain que tout ce qui eft refolu en corps naturel, demeure aux parties lefquelles il auoit au commencement auant fa compofition,fi bien qu'il n'y a aucun corps naturel compofé,qui puiffe eftre diuifé en plus ou moins de principes que de trois , c'eft à fçauoir en fon Mercure ou liqueur , en fon foulphre ou huille, & en fon fel : car c'eft en ces trois , & par ces trois que toute creature eft engendrée, & conferuée ; & de fait la tres-fainéte Trinité par fa trine parolle, c'eft à dire par fon *Fiat* , a creé toutes chofes, tefmoing de cecy la trine Annalife fpagyrique : Dieu par fa parolle *Fiat* , a produit la matiere premiere, laquelle eft triple à raifon des trois principes : mais ces trois feparez font par apres fubdiuifez en quatre corps diuers, fçauoir aux quatre elements, ne plus ne moins que fi vn artifant bien expert reduifoit le plomb en minium, ceruffe, verre, & efprit de Saturne ; de mefme le monde auec tous les corps creés , n'eft autre chofe qu'vne fumée efpoiffie , & condenfée par les trois fubftances cy-joinétes, fçauoir par le

C 2 foulphre

soulphre, sel, & Mercure, d'autant que ces
trois choses sont la matiere de laquelle tous
les corps naturels ont esté faits, ce que sans
aucune côtradiction se peut preuuer & monstrer par les spagyriques: car au bois verd il y
a trois especes d'humidité, desquelles la premiere est aqueuse respondante au Mercure
fugitif, laquelle empesche le bois de brusler.
La seconde est grandement crasse & huilleu-
se, par le moyen de laquelle la flamme s'em-
pare du bois, & celle-cy respond au soulphre;
ces deux sont totalement consumées par le
feu; Il reste la troisiesme & derniere, laquelle est le sel & demeure en fort petite quantité aux cendres, tres-subtil neantmoins &
eternel; de mesme aussi la cause du corps humain materiel, est ceste triple terre, sçauoir
Mercure, sel, & soulphre; or trois choses ne
sont pas sans qu'elles conferent, & contri-
buent au corps humain, autrement elles se-
roient vaines, ce que ne peut estre: dôc le sel,
à cause de sa coagulation, donne la solidité,

Le sel ou
mumie estant
ostez,la chose
est propre &
disposée à la
generation
des vers.
couleur & goust au corps, le soulphre par vne
benigne commixtion, tempere la coagulation, donne les vertus, les proprietez, & les
secrets par vne assiduelle irrigation de la liqueur vitalle & vegetatiue, conseruant par la
frequence des actions les deux premiers, lesquels de leur nature courent à la siccité, &
par vne substance coulante & liquide rend
faciles toutes ses mixtions. Ces trois principes des corps, sont distincts & differents, quât
à leur office & proprieté, à cause de la mixtion

tion des vertus, quoy qu'ils donnent aux
sens vne substance similaire & homogenée.
Quelques Theophrasticiens lesquels se sont
plus profondez dans les causes des choses naturelles, ont coustume d'admettre vn quatriesme principe, outre les trois precedents, L'esprit de
Dieu sur les
eaux.
qu'ils appellent esprit, lequel se peut retirer,
tant des vegetans que des mineraux : toutesfois il ne peut estre tiré des animaux, & moins
encore soubmis à cause de la subtilité de l'ouurier : car cela estant, le soulphre seroit cor-
respondant au feu, le sel à la terre, le Mercure à l'eau, & l'esprit à l'air. Mais quis que
nous sommes aux elements il ne sera pas mal
à propos s'il me semble d'en dire vn mot selon la traduction de P. Seuerinus, lequel asseure que les vrays elements, tout à fait spirituels,
sont comme la garde, la nourrice, le lieu, la
miniere, matrice, & receptacle de toutes les
creatures, voire il passe plus outre : car il dit
qu'ils sont l'essence, l'existence, la vie, & les
actions de tout ce qui a estre en general. Quât
aux lieux ils ne sont concedez en vain, veu
qu'ornez de leurs proprietez donnent la vie
& alimentét à leur contenu, c'est à dire à leur
semences, affin qu'elles puissent produire de
soy-mesme les choses lesquelles sont obser-
uées & remarquées dans le thresor de leurs
entrailles, distribuées neantmoins en deux
globes, sçauoir au globe superieur, lequel est
le feu, le firmament, ou l'air, disposez en façon de la coque, & blanc d'vn œuf, entou-
rant le iaune, lequel nous monstre la disposition

ſition du globe inferieur, ſçauoir de l'eau &
de la terre, en ces quatre natures incorporées, & vuides (remplies vne fois & pour
tout temps de la benediction de Dieu) le
ſouuerain Createur a impoſé la lumiere, &
vertu ſeminalle de toutes choſes; laquelle
ne ſçauroit perir eſtant aſſeurée d'vne incomprehenſible magie tirée des threſors eternels
de la diuine ſapience, par la vertu de ſa parolle expliquant la multiplicité vnie de l'eſprit qui eſtoit porté ſur les eaux, ayant conjoinct les principes des corps, deſquels il de-
Geneſe
chap. 1. uoit eſtre affublé & domicilié, tandis qu'il ſeroit errant ſur ceſte machine ronde: car dans
les threſors inuiſibles des elements, les aſtres
& ſemences (liens des choſes naturelles)ſont
cachées & logées,comme dans vn abyſme depuis le commencemét de leur creation,à cauſe que les viſibles deuoient eſtre conjoinctes
aux inuiſibles, & les ſuperieures aux inferieu-
res:deſtinées neantmoins aux laps du temps,
par le moyen deſquelles ſemences les elemèts
conſpirent & ſont d'accord, d'où arriue le
maintien de la ſympathie naturelle & admi-
niſtration de la prouince mondaine affectant
l'eternité par vne nouuelle addition de ſubſtance. A la verité par ces ſemences, d'autant
qu'elles ont expliqué & monſtré le deuoir des
elements, il eſt mal-aiſé d'acquerir la cognoiſſance des elements ; & tout ainſi comme les ſemences de l'element ſont conjoinctes ; de meſme auſſi les principes, ſemences
des corps, compagnes inſeparables, entées

ou preſſées par vn nœud indiſſoluble, ſont
conjoinctes, & par vne diuerſité de dons,
inſtruictes à la Lyturgie des generations : car
les ſemences & principes des choſes ont tiré
leur puiſſance generatiue & multiplicatiue
de la vertu de la parolle de celuy, aux commandements duquel toutes choſes ſont con-
trainctes d'obeyr ; Et ne plus ne moins que
les ſemences ne ſe peuuent ſeparer des elements par aucune ſubtilité d'eſprit ; de meſme les principes, par quel artifice que ce ſoit,
ne peuuent eſtre parfaictement ſeparez des
corps, y eſtant joincts par les loix de la nature. En ce lieu il faut auſſi remarquer qu'il y a
quelques corps elementaires, leſquels ſont
doüez d'vn plus grãd nõbre de proprietez, de-
ſtituées cependant des ſecrets ; cõme n'ayant
aucun inferieur, d'autant que ce ſont tant
ſeulement qualitez locataires, auſquelles n'y
a aucune puiſſance ou vigueur pour guerir les
maladies ; mais quelques corps changent la
proprieté des ſemences, ayants des teintures
auſquelles combien que la frigidité, calidité,
humidité & ſiccité ſe rencõtrent : toutesfois
les actions ne procedent pas deſdites quatre
qualitez ; ains ſeulement s'y rendent aſſiſtan-
tes, comme compagnes, à cauſe de leur preſence. Or en ces corps on n'a pas grande difficulté de faire la ſeparation des vertus aueſ
ce qui eſt inualide, & du pur à l'impur, quant
à nos elements viſibles, ſçauoir l'air, l'eau, le
feu, & la terre, ſõt la vraye matiere, produ-
ctrice, & receptacle de toutes choſes, & les

Hyppocrate liure de Antiqua Medicina παντας ᾁπο d'ωιᾁμιωι.

C 4　　　fruicts

fruicts des semences necessaires, par leur perpetuelle fluidité & irrigation aux generations
des autres elements : toutesfois on ne sçauroit nier qu'ils ne soient composez des trois
premiers principes, d'autant qu'ils se peuuent
resoudre en iceux, & ces trois principes ja mé-
tionnez se treuuent en chasque matrice, &
en tous les fruicts de chasque matrice.

Les os & la
chair aux ani-
maux nous
representent
la terre, & les
esprits vitaux
le feu : mais
les humeurs
sont vne clai-
re demon-
stration de
l'element
aquatique.

Mais venons aux parties de l'homme, &
premierement à la plus noble, laquelle est
l'ame raisonnable ; or ceste partie n'est autre chose que le feu, element celeste en
l'homme; les parties solides ou spermatiques,
sont la terre ; les humides, comme le sang &
le reste des humeurs sont proprement appar-
tenantes à l'element aquatique ; quant aux
dernieres parties lesquelles semblent estre vn
vuide, c'est l'air, où il ne se treuue aucune
substance du corps : toutesfois il se faut prendre garde (comme il a esté desia dit) que par
ces choses il faut entendre les elements elementez: car les vrays elements sont spirituels,
parce que iusqu'aux moindres semences imitent l'humaine œconomie, monstrant &
representant l'analogie ou figure des eleméts,
ou des principes. Et c'est en cette façon que
nous confessons que les elements sont en
toutes choses meslez & cóseruez par la faueur
du baulme ou teinture radicalle, & par ainsi
l'eau mesme accompagnée des autres eleméts
par la fecondité d'vne multiplication, nour-
rist ses semences : cecy toutesfois iusques à
present rapporté par Seuerinus suffise, parce
qu'il

qu'il pourroit offufquer la veüe de ceux lefquels ne lifent pas auec attention, ne plus ne
moins que fi on leur auoit ietté du fable dans
les yeux : toutesfois nous adioufterons vne
plus claire doctrine des elements : car le vray
& philofophique medecin apprend à cognoiftre fon origine, deflors qu'il s'eftudie à la
cognoiffance des quatre elements, ou pour
mieux dire des quatre colomnes du monde;
& ainfi par la fabrique externe, il arriue à la
cognoiffance de l'interne ; c'eft à dire à la
vraye anatomie du grand & petit monde,
où le cercle de l'air entourne la terre & l'eau,
& les neuf fpheres, ou firmament auec
toutes leurs eftoilles, font le feu : toutesfois
on ne fçauroit preuuer en façon quelconque
que lesvrays eleméts auec leurs propres aftres
foient vifibles ou fenfibles, d'autant qu'ils
font de mefme façon que l'ame dans le corps:
or eft-il que l'ame dans le corps eft infenfible, doncques auffi les elements propres le
doiuent eftre dans leur centre. Quant aux
corps des elements, ce font chofes mortes &
tenebreufes : mais l'efprit eft la vie, lequel
eft diuifé en Aftre, donnant de foy-mefme
fes fruicts & accroiffement, & tout ainfi côme l'ame eft diftincte d'auec le corps, quoy
qu'elle habite dans luy, de mefme façon auffi ces elements fpirituels en la feparation de
toutes chofes, ont d'eux mefmes produict des
corps vifibles : la chaleur potentielle fepare
les eftoilles de foy, ne plus ne moins qu'en la
terre les herbes feparent les fleurs d'auec elles,

Toutes les creatures ont efté formées des elements: car les animaux font attribués à l'air, les vegetans à la terre, les mineraux à l'eau, quant au feu nous difons qu'il donne la vie à toutes chofes. Les elements font la matrice de toutes chofes.

les, l'humidité est separée & distincte de l'air, la froideur de l'eau, & la siccité de la terre, c'est à dire que le corps de la terre est produict par l'element de la terre, le corps aquatique par l'element de l'eau, & par l'element de l'air, le corps aërien a esté fait & produict en sa nature, de l'element du feu est sorty le feu, lequel a esté formé en sa substance, c'est à dire ciel visible, en fin des corps elementaires les vegetans & croissants prennent leur source, desquels comme en dernier ressort, par la mediation des Astres, prouiennent les fruicts : car il n'y a aucun corps visible qui soit de soy, ou par soy, ains de son Astre, ou element inuisible, du corps du feu les Astres visibles ou estoilles du firmament ont tiré leur origine ; doncques le feu est la nourriture, & la coseruation des estoilles, tesmoing de cecy le Nostoch, lequel vist du feu, & produict le feu, quoy qu'apres il soit changé en matiére mousseuse aux parties inferieures de l'air, c'est à dire sur la terre, du corps aquatique croissent les metaux, sels, & mineraux, du corps terrestre sortent les arbres & les herbes ; & nos elements visibles sont les corps & domicilles des autres inuisibles, empeschans, & retardans leur force : car tout ce qui est conjoinct à vn corps visible, suffoque & empesche la force, puissance, & operation de l'esprit interne. La terre est diuisée en deux, sçauoir en l'externe visible, & en l'interne inuisible, quant à l'externe, elle n'est point element pur, ains seulement le corps de

(marginal notes left column:)

Tout ce qui est produict, ou croissant, est different & separé de sa matrice generante, comme le poisson de de l'eau.

Le mesme qui produit quelque chose l'alimente & le conserue : Et par ainsi le haran tiré hors de l'eau meurt soudainement. Les medecins & Theologiés doiuent suiure infailliblement ceste reigle.

de l'element, qui n'eſt autre choſe que le
ſoulphre, le Mercure, ou le ſel. * Mais l'e-
lement de la terre, c'eſt la vie, & l'eſprit auquel ſont les Aſtres de la terre produiſans les
vegetans, moyennant le corps terreſtres : car
quoy qu'il ſemble que la terre ſoit comme
morte, neantmoins elle contient les ſemences, ou vertus ſeminalles de toutes choſes ;
c'eſt pourquoy elle peut eſtre dicte animée,
vegetante, & mineralle, laquelle ſecondée des
autres elements, eſt de ſoy meſme genitrice
de toutes choſes ; ainſi les arbres, herbes,
grains, fleurs, grames, potirons ; en fin tout
ce qui croiſt en terre, ou de la terre, ſont
corps des Aſtres terreſtres, & fruicts de terre, leſquels portent leurs fruicts moyennant
l'Aſtre inuiſible, comme ſont les fleurs, poi-
res, pommes, &c. & vn chaſcun de ces fruicts
en particulier, eſt encore Aſtre & ſemence.
L'eau eſt auſſi diuiſée en deux parties, ſçauoir
en ſon corps, lequel n'eſt autre choſe que le
Mercure, ſoulphre, & ſel, & en ſon element
qui eſt la vie & eſprit, auquel les Aſtres de
l'eau ſont contenus ; leſquels à l'imitation
d'vne vraye mere) produiſent du plus profond de leur abyſme tous les mineraux, ſels,
metaux, pierres precieuſes, ſables, & toute
ſorte de fruicts aquatiques, leſquels neantmoins ſont retirez du centre de la terre : car
quel element que ce ſoit enfante & produict
ſes fruicts par tout, voire aux regions les plus
loingtaines & eſtrangeres, d'où arriue par
vne belle prouidence que toutes choſes retournent

* La terre de
ſoy eſt morte :
mais l'elemét
eſt la vie oc-
culte & inui-
ſible.

La force de
l'eau eſt telle,
que ſans icel-
le la regene-
ration ſpiri-
tuelle ne peut
eſtre faicte,
comme teſ-
moigne Ieſus
Chriſt parlant
à Nicodeme.

tournent en terre, comme si elles vouloient inuiter sa fecondité; de mesme les fruicts du firmament sont paracheuez en l'air, lequel les communique au globe inferieur; comme nous voyons en la neige, laquelle engendrée par le feu se treuue neantmoins en l'air, & en la terre. Les fruicts de l'air procedent & viennent depuis le centre iusques à la circon-ference, en laquelle ils treuuent leur entiere perfection & coagulation; les semences de l'eau enfantent dans le caue sein de la terre: tendans neantmoins en apres à la superficie: Mais la terre porte & met ses fruicts en ceste circonference, en laquelle nous vegetons & viuons: car le grain qui a esté produit dans la terre, est cueilly en l'air dessus la face de la terre; de mesme les procreations vniuerselles de tous les elements, de leur franche volonté accourent à la prouince humaine; comme au but de leur desir, & par vne benigne irriga-tion elles assistent & portent faueur à toutes les parties de la nature; aussi nous voyons par vn irrefragable decret de la loy eternelle, que l'eau ne produit iamais d'auantage que la terre ne peut nourrir, l'air fomenter, & le feu consommer; de mesme aussi l'air est diui-sé en deux: car il a son element en soy com-me habitant & inquilin, & celuy-cy est le bausme de toutes les creatures, & la vie des trois autres elements; Aussi Dieu n'a crée au-cun autre element plus subtil, d'autant qu'il vist de soy-mesme, & donne la vie à toutes choses: car sans iceluy il seroit impossible que

Nostre feu n'est pas ele-mentaire, puis que comme la mort il con-sume tout.

Le ciel est le quatriesme & premier element, co-tenant en soy tous les au-tres, de mes-me que la co-quille côtient l'œuf. Aucun element ne peut estre priué d'vn autre: mais l'assemblage & la cônexion de tous les quatre se ren-contre en la generation de chasque chose Paracelse in Paramiro de Ente astrorū, *dit que la creation de l'air à prece-dé la creation de toutes les creatures.*

que la terre, l'eau, ny le firmament peuſſent
produire leur fruict, voire le feu ne ſçauroit
bruſler, ſi l'air luy vouloit deſnier ſa faueur
accouſtumée; que ſi le feu ne pouuoit bruſler
à plus forte raiſon auſſi les excreſcences du
feu, c'eſt à dire les eſtoilles du firmament
ne pourroient faire voir leur brillante clarté.
Semblablement le feu ou firmament eſt diui-
ſé en deux : car il a ſon element en ſoy comme habitant inſeparable, & cet element
contient en ſoy tous les Aſtres & ſemences:
car le feu elementaire ou firmament corporel a de ſoy enuoyé & produit les corps des
eſtoilles, du ſoleil, de la lune, & du reſte des
planettes : mais comme les herbes tiroient
leur accroiſſement de la terre,& demeuroient
en icelle; de meſme auſſi au temps de la creation les eſtoilles croiſſoient & demeuroient
au firmament, nageant dans leur cercle, ne
plus ne moins que les oyſeaux en l'air. Mais
quelqu'vn peut eſtre me demandera que ſont
les douze ſignes du Zodiaque celeſte, où
le reſte des eſtoilles: auquel ie reſpons n'e-
ſtre autre choſe que les fruicts du feu pro-
uenans de l'Aſtre inuiſible du feu: car d'autant plus le firmament eſt ſubtil, que la terre,
d'autant plus auſſi ſes fruicts ſurpaſſent en
operation & ſubtilité les fruicts des autres
trois elements. Les ſept gouuerneurs du
monde, c'eſt à dire les ſept planettes, ſont
fruicts du feu, ſeparez neantmoins de l'element du feu; & ont pris leur accroiſſement
par la meſme ſeparation, ne plus ne moins

que

Toutes choſes humides ſont attirées de la terre par le ſoleil & conſumées en l'air, les fruits deſquelles auec leur eſpeces ſont Terrenjabin de la manne.

Tout ainſi comme la varieté des fleurs fait vn ciel des prairies, de meſme auſſi la varieté des eſtoilles fait vne prairie du ciel.

que les fleurs, & les herbes: quant aux fleurs,
elles demeurent immobiles en leur place, ce
que ne font pas les estoilles : car par la prouidence diuine elles marchent dans leur feu, &
font vagabondes par leur cercle, de mesme
que les poissons en l'eau, ou les atomes en l'air:
prenant neantmoins leur nourriture du ciel,
& au ciel, elles sont aussi diuisées en deux,
côme le reste des creatures : car nous voyons
librement leur corps, comme si c'estoit vne
chandelle luysante: Mais l'Astre ou esprit syderique est inuisible à nos yeux trop mate-
riels ; de mesme le corps solaire que nous
voyôs n'est pas propremét le soleil: mais c'est
l'esprit, lequel est enclos & caché dâs le corps
solaire, qu'est le soleil. Or le mesme faut-il
entendre de l'homme que de toutes les choses susdites: d'auantage, l'Astre ou esprit inuisible desdits quatre elements, est la semence
des quatre matrices, & iamais ne se treuue
seul : car auec le corps se rencontre tousiours
l'Astre, si bien que le visible n'est iamais separé d'auec l'inuisible, & le corporel croist &
prend son augmentation du spirituel, & demeure en luy & auec luy, & par ce moyen
les vertus inuisibles, les semences, & Astres
sont dilatées en mille & mille façons, moyennant le visible corporel, ne plus ne moins
que le feu, lequel prend son augmentation
par le bois, ou matiere conuenable, d'où
fort tousiours nouueau feu à proportion que
l'aliment luy est donné. Mais venons aux
Anges, lesquels ne peuuent prendre, ny
auoir

auoir aucune augmentation , la raison est ,
parce que l'augmentation procede du corporel (comme nous auons desià dict) voila pourquoy ils ne sçauroient auoir l'augmentation , laquelle est concedée aux hommes à cause de leur corps ; & c'est par la mediation d'iceluy , que toutes les creatures ve-
getatiues & sensitiues , comme sont les herbes , arbres , poissons , oyseaux & autres animaux , peuuent receuoir l'accroissement : car
la semence , ou astre destitué de corps , ne sçauroit exercer aucune operation , veu que tout
aussi-tost qu'ils viennent à mourir , ou pourrir
dans leurs matrices , l'astre reprend vn nouueau corps & se multiplie : ce que Dieu mesme monstre en l'Euangile , lors qu'il apporte
l'exemple du grain de froment , lequel jetté en
terre pourrit , & par sa mort il donne beaucoup de fruit ; & d'autres grains lesquels ont
la mesme vertu productiue que le premier ,
duquel ils ont prins leur origine : car la putrefaction consomme & separe l'ancienne nature par la generation d'vn nouueau fruict. A
raison dequoy la vie eternelle ne peut estre
concedée à aucun corps , qu'au preallable il
n'aye ressenti la cruauté de la mort , parce que
de la mort depend la glorification , & acquisition de la vie eternelle ; & tout ainsi comme
la corruption cause vne nouuelle generation ,
& substance diuine , de mesme aussi est-il necessaire que les herbes & medicaments perdent leur vie premiere , affin que par la putrefaction & regeneration (moyennant l'aide du
mede

medecin Chymiste) ils puissent faire acquisition de la vie seconde, en laquelle les trois
principes auec leurs vertus occultes necessaires au medecin, se manifestent : car sans la regeneration il est impossible d'auoir aucun secret de medecine, consistant sans la complexion d'aucune qualité que ce soit ; voila donc
pourquoy par la cognoissance du monde externe le philosophique medecin paruient à la
cognoissance du corps physique de l'homme,
lequel prend sa nourriture de la terre, & du
corps celeste ou syderique viuant du Ciel ;
outre ce il cognoist que le corps physique
n'est autre chose que le soulphre, Sel, & Mercure : car (comme i'ay desia dict) tout corps est
composé d'iceux ; voire il paruient iusques là,
que de voir clairement, que tous les corps lesquels admettent l'accression, prennent leur
source, non des quatre corps visibles, ou quatre humeurs ; mais de la semence inuisible.

L'anatomie des maladies du corps doit estre tirée des astres internes, ou des impressions causantes, estant plus vtile au medecin, que la locale des cadaures. Quant à la cognoissance des maladies & remedes elle ne prouient pas de l'anatomie lo-
cale du Microcosme, ains de l'anatomie conioincte & entée, du grand & petit monde ;
d'autant que les membres du Macrocosme
sont les remedes propres pour les infirmitez
du Microcosme ; & c'est par vn certain accord de l'anatomie interne & externe : non
pas toutesfois que ie vueille dire, que ce soit
par vne opposition des degrés. Et tout ainsi
comme l'anatomie de l'homme & de la femme ont vne certaine correspondance ensemble, de mesme aussi l'anatomie de la maladie,

& du

& du remede, sont semblables. Et de mesme qu'en l'homme se treuue l'homme & la maladie, de mesme aussi en la medecine se treuue l'homme & la medecine. Et iaçoit que nous cognoissions les secrettes vertus des herbes, ou estoilles du Ciel medical, toutesfois il est necessaire que le medecin sçache la concordance & sympathie de la nature ; c'est à sçauoir comment l'astre de la medecine ou ciel magique se peuuent accorder auec l'olympe interne ou astre de l'homme, d'autant que par ceste seule similitude d'anatomie, la Mumie arreste l'hemorrhagie, & le rossignol (subiect aux maladies des aragnées) est remis par la frequente comestion d'icelles ; parce que l'externe agist à l'interne. Et tout ainsi comme il est au grand monde, de mesme est-il au petit : donc celuy qui cognoist les vegetas, fruicts de terre, herbes, & arbres (d'autant qu'ils prouiennent de la semence ou astre inuisible) il est certain de cognoistre la varieté des maladies du corps physique, lesquelles ne prouiennent pas des quatre feintes humeurs, ou qualités ; ains plustost de la semence analogique du grand au petit monde : car il y a autant d'especes de maladies, qu'il y a d'especes, corps, & semences des vegetans, ou crescitifs, & personne ne sçauroit atteindre le nombre des maladies, qu'auparauant il ne sçache le nombre desdits vegetans & crescitifs : car les semences, astres celestes, aeriens, aquatiques, & terrestres (lesquels en certain temps produisent leurs fruicts vrays messagers de la santé

L'Anatomie est le fondemet des vrays medecins, des maladies, & des choses.

Cause & subiect des maladies.

Plusieurs maladies viennét des mineraux du Microcosme, qui contient en soy toutes choses, d'où sortent plusieurs maladies.

L'origine des maladies viét des trois premiers ausquels les astres peuuét imprimer quelque chose, comme le feu au bois, ou à la paille, ou comme le saffran à l'eau.

D   ou

ou maladie) accordés aux elements de l'humaine nature, sont fomentés & entretenus; doncques en ceste façon les trois principes sont cause de toutes les maladies: car le corps auquel les trois principes, par bonne vnion, sont d'accord, peut librement estre appellé sain, comme au contraire (si toutesfois la santé doit consister à la temperature) à celuy auquel ils sont discordans, on peut dire auec toute asseurance que la racine de la mort premiere commence d'y establir son fondement.

Les maladies elementaires doiuent estre gueries par des remedes elementaires, les astrales par des astrals.

Quant aux maladies hereditaires, produictes de la semence ou astre, elles sont en partie appellées Elementaires, se manifestans par les qualités chaudes, humides, & froides: Et en parties astrales ou firmamentales, & celles-cy sont celles lesquelles tirent leur origine du firmament de l'homme, auquel elles sont contenuës, de la mesme façon que les elements; & tout ainsi comme l'aliment du corps visible prouient de la terre, de mesme aussi l'aliment de l'homme spirituel (qui est habitant de la maison externe ou inuisible) croist de l'air, du feu & du firmament externe, c'est à dire du feu du firmament, ne plus ne moins que le reste des arts, ouurages, langues, & facultés: car le ciel est le docteur, & pere de tous les arts, excepté de la Theologie & de la Iustice, lesquelles ne sont point enseignées par les astres, ains immediatement par le sainct Esprit; la raison est, parce que tous croyants regenerés sont incogneus aux astronomes (comme enseigne fort bien Paracelse en son

Les Galenistes n'entendent rien à ces remedes astraux cogneus & entendus par l'expert medecin. La mort monstre que l'homme est miparti en deux parties, externe, & interne, En l'interne qui est la poudre & la terre, la semêce & matiere de la maladie y est cachée, auec ce qui nous tourmente, & partant il la faut tirer de semblable medecine, & la separer spagyriquement de ses impuretés & excremens.

exacte

exacte Philofophie:car tout ainſi comme l'aymant attirant le fer,ſucce l'eſprit dudit fer,&
laiſſe la roüilleure, de meſme l'homme a vn
double aymant,à raiſon de ſon corps:car il attire à ſoy les aſtres,deſquels il ſucce ſa vie, de
meſme façon que les frelons des fleurs & herbes attirent le miel.Par vie en ce lieu icy i'entens la ſapience mondaine,les ſens,& les pen-
ſées,& par ſa force attractiue il attire ſa nourriture & ſubſtance des aſtres ; & tout ainſi
comme l'element attire les corps elementaires par la faim,& la ſoif,de meſme l'eſprit ſyderique de l'homme attire tous les arts,ſcien-
ces, facultez & ſageſſe mondaine.des rayons
celeſtes:car le firmament eſt la lumiere naturelle,laquelle naturellemēt influe toutes choſes à l'homme. D'auantage les aſtres ou elements ſpirituels ſont ἄποια , c'eſt à dire, im-
puiſſants,& ſans aucune des qualités,ſoit froide,humide, ſeiche, ou chaude ; & toutesfois
ils ſont produits deſdites qualités : car de la
terre il prouient le pauot, opium, & lolium,
d'vne nature froide ; de la meſme terre auſſi
eſt produicte la Flammula,Perſicaria, plantes
chaudes ; du feu ſont faicts & formés la neige,pluye,roſée, l'arc-en-ciel,ou iris,les vents,
les tonnerres,la greſle,les eſclairs, & ſemblables impreſſions metheoriques,produictes par
le firmament fauoriſé des trois principes ; car
ſelon Paracelſe, ce ne ſont autre choſe que
fruicts ou deffauts des eſtoilles du firmament;
voire plus ils ſont fruicts des aſtres, leſquels
ont le pouuoir de rendre viſible l'inuiſible ;

L'homme in-
terne, aſtral a
auſſi ſes medi-
caments cõ-
gneus à la me-
decine acqui-
ſe.

Ce qui eſt pro-
duit par quel-
que autre doit
eſtre cõſerué,
nourri,viuifié,
gueri,alteré &
deſtruict par
le meſme qui
l'a produict.

d'autant que les eſtoilles portent leur fruict,
de la meſme façon que les arbres terreſtres;
d'où il appert que les maladies ne ſe gueriſſent pas par leur contraire : car la chaleur ne
chaſſe pas le froid, autrement il faudroit dire
que les elements leſquels ſont en l'homme,
deuſſent eſtre dechaſſés. Or ſi les maladies
ne ſe gueriſſent par leur contraire, il faut conclurre, qu'elles ſont gueries par les ſecrets ou
aſtres reduits en leur premiere matiere par
l'induſtrie du medecin Chymique, leſquels ſecrets ne ſont actuellement froids ny chauds:
& toutesfois coupent la maladie, ne plus ne
moins que la hache coupe l'arbre laquelle
n'eſt ny froide ny chaude de ſa nature, à laquelle les quinteſſences, & magiſteres ſont
ſemblables.

Maintenant nous traicterons auec l'ay-
de de Dieu, de la generation, dignité,
& excellence du Microcoſme.

La cognoiſ-
ſance de Dieu
eſt tres haute
& tres-vtile,
comme auſſi
la cognoiſſan-
ce de ſoy meſ-
me, & ſon
mespris.
Luc. 16.
Paul. 2. aux
Corinth. 4.
Ioan. 14. ſect.
17. 20.

LA vraye & parfaicte Philoſophie qui eſ-
claire plus nos eſprits, c'eſt la cognoiſſance de nous meſmes: mais au contraire (ſi nous
voulons adiouſter foy à la ſapience) l'oubly
de ſoy-meſme eſt la plus grande & peſtilen-
tielle maladie, qui puiſſe arriuer à l'eſprit
d'vn homme; ce qui eſt confirmé par le grand
Triſmegiſte *ad filium Tatium*, lors qu'il dit que
l'ignorance eſt le premier, le plus grand ennemy, & le plus ſeuere Tyran qui nous puiſſe

attaquer ; Ah ! (s'escrie-il) mal-heur à toy hôme, qui ne tiens compte du talent & supreme heritage, qui t'a esté donné en depost par le ciel ! miserable ne penses-tu pas qu'vn iour l'on te demandera compte de ces precieux thresors, qui t'ont esté mis entre les mains ? Quoy, es-tu si hebeté que de ne te point prédre garde, que tu as ton Dieu dans toy-mesme ? Dieu, dis-je, lequel ne peut estre compris de tout le monde : ne sçais-tu pas qu'il est plus proche de nous que nous mesmes ; d'autant que l'esprit de Dieu habite au milieu de nostre cœur ? Et en verité ie pense, que nous ne sçaurions apprendre vne plus belle science durant ce cours mortel, que celle-cy, Γνῶθι σεαυτὸν, aye la cognoissance de toy-mesme ; donc c'est auec vne grande doctrine, pleine de pieté, de laquelle se sert Agrippa : (prinse neantmoins au frontispice des portes du temple de l'oracle d'Apollon en Delphes) lors qu'il dit, que le vray chemin de la sagesse, & beatitude eternelle, n'est autre que la cognoissance de soy-mesme ; d'autant que la vraye, & reelle possession de toutes les choses naturelles est en l'homme, voire d'auantage : car l'hôme est la vraye & particuliere image du souuerain createur : dôcques la premiere cognoissance du createur, en laquelle côsiste la vraye sapiéce & beatitude, doit estre prinse en nous-mesmes ; & en ceste façon l'homme se cognoissant soy-mesme, est comme vn beau & diuin miroir, dans lequel il void & entend toutes choses ; à raison dequoy Dauid au

D 3 pseaume

La premiere cognoissance de Dieu est de sçauoir qu'est ce que l'homme. Augustin. pf. 39. qui se cognoist, cognoist Dieu, parce que Dieu ne veut habiter en aucun lieu sinon en l'homme, auquel il se faict grandemết paroistre.

Nous voyons Dieu interieurement 139. sect. 14.

pseaume 139.chantoit ces belles parolles, Seigneur, ta science s'est renduë admirable en
moy. Au contraire ceux lesquels par la crassitude de leur ignorance sont reduits à ce point,
que de ne se cognoistre point, ne sçauroient
en façon quelconque auoir l'intrinseque &
essentielle cognoissance d'aucune chose, quelle qu'elle soit ; ains (comme vn animal destitué de raison) tout ce qu'il cognoist hors de
soy, demeure hors de soy: car quelle cognoissance que ce soit (soit qu'elle aye esté infuse
du ciel, ou acquise par le labeur de l'esprit humain auec vne grande diligence) elle demeure à iamais en l'ame (celle-là toutesfois exce-
ptée, laquelle est subiecte à l'oubly) d'autant
qu'elle a esté receuë interieurement dans l'intellect, par vne essentielle cognoissance. Mais
ceste essentielle & intrinseque cognoissance
ne prouient pas de la chair ou du sang, ny de
la lecture d'vne quantité presque innombra-
ble de liures, moins encor de la rotine aux experiences, ou de la vieillesse ; ou des persua-
sions humaines & disputes; d'autât qu'elle est
situee en la passion des choses diuines ; doncques l'entendement de l'homme ne se perfectionne pas en qualité d'agent, ains de patient
aux choses diuines, ayans leur siege en la cognoissance ; parce que nous sommes comme
composez de tout, & portons toutes choses
en nous-mesmes, ne plus ne moins que Dieu
mesme, duquel nous sommes enfans ; & partant comme tels deuons tout posseder esgallement auec nostre pere. Donc tous les biens

tant

Denis au liure
des noms di-
uins. Ioan. 14.
sect. 11. 12. Ioa.
2. Ioan. 4. sect.
17.

tant naturels que furnaturels, font au commencement en l'homme: mais comme ce diuin charactere qui eft en nous s'obfcurcit par
le peché, de mefme auffi il refplendit d'auantage par l'expiation d'iceluy. En nous,& auec
nous a efté creée la cognoiffance de toutes
chofes,lefquelles font cachées aux plus fecrettes parties de l'efprit; en fin il me femble que
le moins que nous puiffions faire,c'eft d'abandonner le lict,& nous efueiller,affin que nous
voyons, tentions, & croyons que les dons de
Dieu nous font prefents; parce que l'intellect de l'homme eft capable des plus grandes
difciplines & fciences; voire (felon l'opinion
de Platon) il eft plein de fcience auparauant
qu'il foit joint au corps materiel; toutesfois
il femble que ladite fcience foit cachée par
l'oppreffion du corps, ne plus ne moins que
le feu deffous les cendres, lequel ne fçauroit
efclairer en façon quelconque, qu'au prealable il ne foit defcouuert : auffi l'intellect ou
ame intellectuelle ne peut eftaller fes precieux threfors, fi elle n'eft comme efmeuë
par les fufdictes humeurs, lefquelles luy feruent d'organe pour exercer fes fonctions: car
fi tous les threfors de la fageffe, tant terreftre que celefte, n'eftoient auparauant en
nous, il fembleroit que Dieu fe mocqueroit
de nous, lors qu'il nous commande de chercher, & de faict, que treuuerions-nous, s'il
ne nous auoit rien donné ? Donc par la vraye
cognoiffance de nous-mefmes (guidez par la
lumiere, tant de l'efprit, que de la nature)

Dieu eft co-
gneu lors que
la lumiere de
la foy eft bien
cogneuë Apo-
cal.3.fect.20.

D 4 nous

nous treuuons la porte de nous-mesmes ou-
uerte, laquelle se rend facile pour ouurir à
nostre Createur: toutesfois & quantes qu'il
frappe la porte de nostre cœur, si bien que
sans mandier aucune faueur estrangere nous
treuuons dans nous-mesmes toutes choses
necessaires, tant pour la vie & sagesse presente, que pour l'eternelle; d'autant que par
la serieuse contemplation, & cognoissance
de soy-mesme, on paruient sans aucune difficulté à la vraye cognoissance de Dieu, parce
que ces deux cognoissances sont tellement
concomitantees, qu'elles ne peuuent estre
l'vne sans l'autre, d'où vient que l'homme
par la cognoissance de soy-mesme, acquiert
sans peine la cognoissance de celuy qui est;
veu mesme que nous y sommes obligez chascun en son particulier, selon la portée de la
capacité, qui nous a esté donnée par la faueur
du Ciel. Sainct Denys asseure qu'il nous est
impossible de cognoistre Dieu par sa propre
nature, doncques la cognoissance que nous
en auons ne prouient d'autre part que de
l'ordre & disposition qu'il a produict aux
creatures, lesquelles sont ses vrays pourtraicts
& images: & celuy qui ne cognoist point
Dieu, il n'est aussi par consequent cogneu
de Dieu, & qui laisse la cognoissance de Dieu,
est aussi delaissé par le mesme; d'autant que
l'ignorance que nous auons de Dieu, est la
fontaine & racine de tous mal-heurs; outre
que par la mesme ignorance tous les vices re-
gnent, & prennent leur accroissement: mais

L'homme qui
ne cognoit
point Dieu est
inexcusable,
& maudit ce-
luy qui le co-
gnoit & ne
l'honore
Ioan.17.sect.3.

au

au contraire nous conseruans en innocence.
& candeur, nous cognoissons toutes choses,
& aymons le principe, ou cause premiere d'i-
celles, sçauoir nostre Createur, lequel est la
mesme pieté, iustice, sapience, & felicité de
l'homme; à raison dequoy il dit auec verité,
que la vie eternelle est de cognoistre le Pere,
comme vray Dieu, le Fils, & le S. Esprit: en
fin toute la tres-saincte Trinité, le culte &
adoration de laquelle nous fait viure eternellement. Ceste cognoissance s'acquiert, si
nous considerons que Christ est le Fils de
Dieu, & qu'il est nay en ce monde; donc
puis qu'il est nay, il ne peut estre sans pere,
lequel necessairement luy est donné; de ces
deux, sçauoir du Pere & du fils, procede la
troisiesme personne, c'est à sçauoir le sainct
Esprit. Or donc celuy qui cognoist le fils,
cognoist aussi le Pere, par ce que ces deux-
là ne sont qu'vn, la cognoissance de Dieu est
la vraye beatitude, & la vie eternelle: car
celuy qui cognoist la diuinité en Iesus-
Christ, le rend l'habitation & temple de
Dieu, & par ce moyen se Ddifie, d'autant
qu'il naist de Dieu, & par consequent se rend
fils de Dieu; & tout ainsi comme par la cognoissance du monde visible nous arriuons
à celle de l'onurier inuisible, de mesme aussi
le Christ visible, ou par la vie de Christ, nous
apprenons à cognoistre le Pere, parce qu'il
est le seul relatif chemin au Pere: mais comme personne ne peut venir à la cognoissance
du Fils, sans estre certain du Pere, aussi il
est

Marginal note: D'autant plus qu'on cognoit Dieu, d'autant plus on l'ay-me, & d'autât plus fermemêt on croit en luy, & celuy qui croit en luy par amour luy est con-joinct, & qui est conjoinct auec Dieu, est fait vn mesme esprit auec luy.

est impossible de pouuoir bien cognoistre la
machine du monde, si au preallable l'on n'a
esté enseigné de par Dieu mesme, d'où l'on
peut libremēt iuger la fauceté des ethniques
cayers, touchant la nature, par lesquels la
philosophie, & les autres facultez ont esté
contaminées & deprauées. Doncques ce seroit en vain de chercher la science de ceux
lesquels ont consumé, voire perdu tout leur
aage en la seule recherche de la verité, laquelle leur a tousiours esté cachée, quoy que
plusieurs d'entr'eux, ayent plustost esté sur-
prins & conduits par ignorance, que par malice; la raison est qu'ils n'ont pas encore res-
senty la lumiere de la verité, moins encore
la clarté des rayons du S. Esprit, lequel nous
monstre que toute philosophie, & vraye
science, doit estre fondée en la saincte Escriture, & se doit reduire à Dieu, affin que la
semence, laquelle a esté suffoquée par les
Gentils, au milieu des espines, où le soleil ne
pouuoit darder ses rayons, puisse prendre
sa nourriture & perfection parmy les Chrestiens, lesquels ont esté regenerez, parce que
la regeneration est l'accomplissement & perfection de tous les arts : donc la vraye philosophie doit auoir son fondement sur la
pierre angulaire, c'est à dire Christ : c'est
pourquoy nous deurons auoir vn grand soing
de ne point permettre les disputes des philo-
sophiques erreurs payennes, auec la verité
des raisons de la philosophie Chrestienne:
car les seuls Chrestiens, ausquels la verité a
esté

La Theologie
est vne source
d'vne science
naturelle &
surnaturelle.

esté diuinement infuse, tiennent la semence
& voye en la philosophie de Dieu, par la mediation de la regeneration, laquelle a esté tout
à plat desniée aux Payens ; Aussi c'est aux
Chrestiens ausquels est permis de philosopher sans doubte d'aucun erreur ; d'autant
qu'apres l'infusion du S. Esprit ils sont enseignez de Dieu, pourueu qu'ils ayent vne ferme
croyance en luy; finalemét toutes choses sont
assises en la cognoissance de Dieu, comme en
l'vnique thresor de tout le monde, si bien que
sás icelle il est impossible de paruenir à la possession de la vie eternelle: car la foy & l'espe-
rance suiuent immediatement la cognoissance. L'amour est suiuy par l'amour; l'adhesion
par l'adhesion ; l'vnion a son siege en l'vnion
mesme ; & la beatitude en la Sapience. Mais
retournons à nostre regeneration cachée dans   *In Pœman-*
les plus secrets cabinets du silence, laquelle a   *dro.*
mieux esté cogneuë par quelques Hermeti-
ques, & autres gens plus de conscience, par la
candeur de leur vie, illuminez du S. Esprit,
auant le profond mystere de l'Incarnation du
Verbe, que non pas des nostres, lesquels sous
le nom de Chrestiens ayment mieux estre   1. Ioan. 4.
estimez cognoissans, qu'aymans Dieu; grand   Sapience 1.
miracle! que l'homme, l'esprit duquel a esté   Ioan. 17.
vny auec Dieu par la mediation de Christ,
soit possesseur de la science de toutes choses,
& aye l'absoluë cognoissance de tous les secrets de la nature.

D'auantage, quiconque se cognoist soy-
mesme, il cognoist fondamentalement tou-

PREFACE

tes choses en soy, voire logé au milieu du téps, & de l'eternité, il contéple fixémét Dieu eternel, son Createur & Pere, lequel par vn amour incomprehensible la voulu former à son image & semblance, aussi bien que les Anges, à costé de soy : il void & cognoist les Anges, lesquels luy sont compagnons & semblables, excepté en la subiection du grand & dernier iugement, & en la possession d'vn corps materiel ; dans soy il contemple le grand monde visible, duquel il porte le simulachre : outre ce il void toutes les creatures auec lesquelles il symbolise totallement, & le pere, duquel il a pris sa naissance quant au corps mortel & externe : car la nature a fait present à l'homme volage, inconstant, & vray Prothée d'vn esprit simple & flexible, affin que constitué au milieu de ce monde, s'esleuant au Ciel, fauorisé de la grace diuine, il se puisse regenerer en Ange de repos, ou rampant autour de sa crassitude, degenerer en vraye brute priuée de repos. Quant à la creature raisonnable ayant negligé les paternelles admonitions, auec l'obedience deuë, par la reflexion du milieu à soy-mesme, semblable à vn voleur, a volontairement esprouué (mais a son dam) la nullité de son neant, par le mespris qu'elle a fait de son Createur, & par ainsi abusant de la liberalité & bonté que son pere auoit prodigué pour son proffit & salut, se l'est renduë inuisible & contre soy-mesme, & comme mescontent de son sort à l'imitation de Lucifer, elle a porté son ambition

tion fi haut, qu'elle n'a point eu de crainte de fe bander contre Dieu; fi bien que
par vne inefperée metamorphofe elle a efté
contrainéte d'abandonner le paradis des de-
lices, pour reffentir la rigueur & calamité
de cefte vallée de miferes: car le premier
homme fut fait auec le choix de fon franc
arbitre: mais laiffant le chemin royal, il fe
plongea dans le labyrinthe du mal-heur,
pouffé du defir de la cognoiffance du bien
& du mal; ce que le grand Moyfe, & apres
luy Hermés, demonftrent fort bien, l'homme abbregé du monde, animal admirable,
& digne de reuerence à caufe de fon excellence, a efté fait le dernier, & creé du limon
de la terre, ou pour mieux dire de la quinteffence de cefte vafte machine vifible, qu'in-
teffence qui fut tirée par le fouuerain fpagyrique, pour l'efformation de ce noble corps;
& de fait perfonne ne fçauroit contredire
que Dieu n'aye tiré le plus fubtil, ou l'ex-
traiét du centre de tous les cercles pour le
faire, à raifon dequoy S. Gregoire de Nazian-
ze en fon traiété *de hominis Opificio*, dit que
l'homme a efté la derniere des creatures, affin
que Dieu peuft mettre en abregé tout ce
qu'auparauant il auoit efpars parmy la grande
eftenduë de ce monde; voire en ce petit abregé il a difposé tous les membres du Macrocofme: car tout ainfi comme l'oraifon eft fai-
éte de l'alphabeth ou des fyllabes, de mefme
auffi le Microcofme ou limon de la terre, eft
compofé du plus fubtil de toutes les creatures,

Le laps ou
coulement eft
vn deffaut &
efloignement
de l'vnité à
l'alteration.
L'homme a
efté creé de
Dieu, à fin que
le nombre &
la ruine des
Anges rebel-
les & defo-
beïffãs fut re-
parée & leurs
fieges rem-
plis.

res, d'autant que le grand sculpteur, Dieu eternel faisoit vn extraict de la quintessence de tout son trauail, duquel il faisoit l'homme, comme estant sa fin; aussi c'est à l'homme auquel gratuitement il a voulu donner la terre pour heritage, comme au fils legitime de la diuinité du costé du corps, c'est à dire du Macrocosme sensible & temporel. Quant à l'ame ou nature immortelle, il porte l'image & vraye signature du monde Archetype, c'est à dire de la sapience immortelle de Dieu mesme; ce qu'est le seul subiect pourquoy les proprietés & facultés de tous les animaux, vegetans, & mineraux ont esté entassez en la fabrique d'iceluy. Outre ce Dieu mesme, & de soy-mesme luy a voulu inspirer vne ame viuante, & immortelle. Il est tres-certain que Dieu de soy-mesme est toutes choses; or est-il que l'homme a esté faict de Dieu mesme; doncques l'hôme, entant que faict de Dieu mesme est toutes choses; aussi la raison pourquoy il a esté faict le dernier, c'est pour monstrer qu'il est la fin & perfection de tout ce qui a esté creé; d'où s'ensuit que l'homme est le lien, le nœud, l'amas ou faisseau de toutes les creatures: car

Psal 8. Tu as rendu toutes choses subiectes à ses pieds. Paracelse en excepte les Sages & habitans des quatre elements.

tout ce qui a esté creé par vne certaine ordination, tend à l'homme, l'honorant & regardant comme seul œconome de Dieu, logé dans ce parterre visible; & tout ainsi comme Dieu est le centre & le cercle de tout ce qu'il a produict, d'autant que tout ce que Dieu a faict est parfaict, & par vne certaine circulation tend à son fabricateur originaire. Ie dis que

que Dieu est le centre, parce que toutes choses procedent de Dieu, & Dieu penetre toutes les essences : il est le cercle, d'autant qu'il
est comme vn grand & vaste tabernacle, qui
enclost tout dans soy-mesme:car en Dieu, &
dans Dieu se treuue tout, hors duquel il n'y
auoit rien, tant auant qu'apres la production
des creatures,hors mis ce monde visible;tout
de mesme l'homme à l'imitation de son createur, est le centre, & le cercle de toutes les
creatures:car toutes choses regardent en luy,
non seulement comme à leur capitaine & recteur, pour lequel elles ont esté faictes, ains
encore toutes les spheres,& creatures luy influent leurs forces,rayons,operations, & vertus propres, comme estant leur vray poinct,
milieu,& receptacle. Vrayement l'homme est
dict cercle,d'autant qu'il contient en soy toutes les creatures, & auec soy les reduict à la
fontaine de l'eternité, de laquelle elles ont tiré leur source originaire. La premiere image
de Dieu c'est le monde ou Macrocosme;celle
du monde est l'homme ; celle de l'homme est
l'animal irraisonnable; & celle de l'animal est
le zophite,lequel est representé par la plante,
laquelle est naïfuement representée & impri-
mée aux metaux ; & les metaux aux pierres;
doncques le grand monde ou Macrocosme
n'est point different du Microcosme;que s'ils
ne sont point differents l'vn de l'autre, ils ne
sont qu'vn,ne plus ne moins que l'enfant auec
le pere. C'est pourquoy la sage Antiquité,cō-
me beaucoup des modernes luy ont donné ce

(marginal note:) Dieu le createur a voulu
estre honoré
de toutes cho-
ses par l'hom-
me.
Tout ainsi cō-
me la terre est
vn corps qui
reçoit toutes
les semēces,de
mesme l'hom-
me aussi.

nom

L'esprit premier est produict du limbe ou centre, le second de la parolle, *fiat*.
Double sapience en l'homme, l'angelique selon laquelle il doit viure; & l'animale, laquelle il doit mespriser.
La mauuaise nature est surmontée par la renaissance Luc. 19. sect. 13. Matth. 7. sect. 12. Mat. 15. sect. 15.
Le corps inuisible de l'homme prouenant du souffle de Dieu, ou de l'eternité, n'est point sujet aux Astres, ny à l'Astronome. Genes 1.
L'eau est la matiere du monde sur laquelle l'esprit de Dieu estoit porté. Sainct Pierre 2. 3.
La terre sortit de l'eau.

nom de Microcosme. Et tout ainsi comme le grand monde est diuisé en deux, sçauoir au visible & à l'inuisible; de mesme aussi le petit monde ou Microcosme est diuisé en deux, sçauoir en visible, qutã au corps, & en inuisible quant à l'esprit : toutesfois en l'homme y a deux esprits; l'vn desquels prouient du firmament, & est appellé syderique : mais le second tire son origine du spiracle de vie, c'est à dire de la bouche de Dieu; & celuy-cy est l'ame intellectuelle, laquelle a esté inspirée du protoplaste vniuersel; ce qui nous contrainct de confesser qu'en l'homme y a trois parties, sçauoir le corps mortel, l'esprit syderique, & l'ame eternelle laquelle est le seul domicile & image de Dieu. Que si l'homme conduict par son appetit sensuel, vist selon la chair & le sang, il est brute quant à sa sensualité, & selon les sacrés epitheres, il est recognu pour chien, renard, loup, brebis, pourceau, ou vipere (comme nous verrons plus à plein au traicté des signatures : car il seroit mal à propos de redire deux fois la mesme chose) que s'il passe le cours de sa vie conduict par la raison, il est alors homme; & dompte l'appetit brutal de son corps : mais en fin si obseruant l'integrité de l'image de Dieu, il vist selon les preceptes spirituels de l'arbre de vie (i'entens selon l'Euangile) ou selon le talent & riche thresor, qui aura esté mis en depost dans son vase fragile, par lequel est entendu le corps, alors il peut dire qu'il dompte les astres, se rendant maistre & seigneur de toutes choses, parce que

que tout eft en l'homme, & l'homme porte
tout en foy, & auec foy, il a en foy ce dequoy
il a efté fait, c'eft à dire fa matiere; il a efté
fait du monde, il porte donc le monde auec
foy, & il eft porté du mefme monde. D'a-
uantage, ne plus ne moins que la matiere
premiere (laquelle eftoit vne effence confu-
fe fans figure appellée par les philofophes
Hilen, mere du monde ou Chaos) eftoit la
femence du grand nóbre, de mefme le grand
monde eftoit la femence de laquelle Adam fut
fait; perfonne ne peut nier que le monde ne
fut caché dans les eaux inuifibles qui eftoient
fur l'abyfme : or eft-il que le monde eftoit la
matiere ou Hilen, dans lequel eftoit Adam
auant fa creation : il faut donc conclurre
qu'Adam eftoit dans le monde, & dans ces
eaux inuifibles flottantes fur l'abyfme : mais
comme de cefte matiere premiere fe faifoit le
grand monde, de mefme auffi du grand monde fe faifoit Adam, & puis que l'arbre prend
fon origine & accroiffement de la femence,
la femence doit eftre le principe & la fin dudit arbre, parce qu'en chafque grain ou femence eft caché vn autre arbre de femblable
efpece que celuy-cy ; de mefme la premiere
matiere (appellée limbe par Paracelfe, laquelle n'auoit pour terre que la parolle de
Dieu) eftoit la femence de tout ce qui deuoit
eftre creé, & l'homme eftoit la derniere des
creatures, parce qu'il eft la femence la plus
parfaicte laqquelle peut produire & engendrer vn autre femblable à foy, & comme

Tout ainfi
comme vn
fculpteur du
bois , & vn

E   Adam

potier de l'ar-
gille, font
mille diuerses
figures, selon
qu'il leur
plaist, de mes-
me Dieu a tiré
toutes les
creatures de
la matiere
premiere

L'homme est
presque sem-
blable à la ter-
re, ou au châp
contenant en
soy toute sorte
de semences.
Ne plus ne
moins que le
fils n'est
moindre que
le pere, de
mesme aussi
l'homme n'est
pas moindre
que le monde.
Nul ne peut
cognoistre
vne image si
celuy qui est
represensé par
icelle n'est au
preallable
cognu.
Le grand Tris-
megiste ou
Hermes ap-
pelle l'hôme
vn Dieu ter-
restre. Genes.
3. sect. 7.

Adam, portant tout le monde & toutes les
choses creées en soy, est côserué par le monde, de mesme aussi tous ceux lesquels ont
pris leur origine d'Adam, portent le mesme
que luy, sçauoir tout le monde, & sont por-
tez & conseruez par le mesme monde aussi bien que le premier homme, veu que tous
les hommes ne sont qu'vn quant au corps,
sang, & esprit ; doncques la cognoissance de
l'homme doit estre prinse de l'vne & de l'autre lumiere, parce que le fils ne sçauroit estre
cogneu de soy seulement sans le pere : mais
l'homme a deux peres, sçauoir l'eternel duquel il porte l'image, & le mortel, qui n'est
autre chose que le monde auec toutes les
creatures, c'est à dire le limon de la terre,
ou pour mieux dire l'extraict ou tres - precieux Estre de toutes ses creatures proposé &
mis à l'examen de tous les Philosophes, Medecins, Astronomes, & Theologiens : car en
l'homme mesme, c'est à dire au Microcosme,
n'y a aucun membre, auquel ne corresponde
quelque element, Planette, intelligence, nombre ou mesure de l'archetype, si bien que
l'homme tient son corps visible (vestement
ou maison de l'ame) des elements : quant à
son corps inuisible ou chariot de l'ame (par
lequel elle est conjoincte auec le corps terrestre par vn fort estroit lien de confederation)
d'autant qu'il est comme vn *Medium*, il participe de l'vn & de l'autre, & cognoist que son
essence syderique, etherienne, & astrale, n'est
tirée que du firmament : mais par ce *Medium*,
c'est

c'est à dire corps etherien, l'ame intellectuelle, par le commandement de Dieu (lequel est
le centre du Macrocosme) & par l'execution
des intelligences , c'est à dire des esprits de
Dieu , est premierement infuse au cœur, qui
est le poinct & le centre du Microcosme,c'est
à sçauoir du corps humain,d'où elle s'espand
par toutes les parties & membres corporels
capables d'animation, lors que par la chaleur
des esprits engendrée au cœur,elle joinct son
chariot à la chaleur naturelle , moyennant
laquelle elle se dilate par le sang, & du sang
par tout le reste des membres , desquels elle
se rend tres-proche voisine , & parce que ledict char ou corps etherien participe du ciel,
& retient le cours du ciel, duquel il attire les
forces par sa propre vertu magnetique auec
autant de facilité que le corps visible des
elements , & par ce moyen il demeure tousjours vn auec le monde visible, & auec l'inuisible , ne plus ne moins que le fils auec le
pere , que la rougeur auec le vin , ou la candeur auec la neige , d'autant que tout le firmament auec ses planettes & estoilles est en
nous ; & tout ainsi comme la chaleur penetre la fournaise de fer, ou le soleil le verre,
de mesme les astres auec toutes leur proprietez penetrent l'homme, d'où vient que par le
moyen de l'esprit syderique du firmamét nous
pouuons apprendre toutes les choses naturelles; aussi l'homme a esté fauorisé de l'ame intellectuelle, immortelle, ou esprit diuin creé
à l'image & ressemblance de la tres-saincte

La perfection
& dignité de
l'homme.

Par ainsi Dieu
& l'homme
ne peuuent
estre côioincts
sans vn me-
diateur qui
est Christ no-
stre Sauueur,
participant
des deux na-
tures, sçauoir
de la celeste
& terrestre,
c'est à dire de
la diuine & de
l'humaine.

Paracelse dit
que l'ame ou
souffle de la
vie est infusé
de Dieu au
corps elemen-
taire par les
Astres , les-
quels seruent
comme de
milieu.

Trinité

PREFACE at top.

L'entendemét
Zach. 12. sect. 1.
Genes 2. sect. 7
Esa. 42. sect. 5.
Sap. 2. sect. 23.
Ioan. 1.2. sect.
27. 1. Ioan. 4.
sect. 14.

Trinité, laquelle ame a neantmoins esté desniée aux quatre habitans des elements, desquels nous auons desia faict mention, & aux animaux; & c'est affin que plus facilement l'homme ressemble en toutes choses à son pere celeste; or nostre pere celeste est en nous par son esprit, qui nous sert de mediateur pour comprendre auec asseurance la saincte Theologie, & tous les secrets tant terrestres que celestes; voire en ceste ame nous auons l'estre, la vie, & le mouuement, & côme Dieu est vn en essence, & triple en personne, de mesme l'homme vn en personne, & triple en essence distincte, sçauoir en corps terrestre, en esprit Etherien, que les Hebrieux appellent *Schamaïn*, & en ame viuante ou viuifiante infuse de Dieu, est le trian domicille de la diuinité, ce que tesmoigne fort pertinemment en la saincte Escriture, la concordance admirable du Createur à la creature, à laquelle le grand Protoplaste a voulu donner son vnité trine, ou Trinité; outre la saincte Escriture, nous en auons asseurance de tous les Philosophes conduits par la lumiere naturelle; peut-estre neantmoins que quelqu'vn desnué d'entendement voudra nyer ces trois parties: toutesfois nous le contraindrons de confesser que l'homme a esté creé du limon de la terre par ceste seule parolle *Fiat*, & que l'esprit eternel, ou spiracle de vie, luy a esté infuse de la bouche de Dieu, spiracle dis-ie, qui est le vray limon du Ciel: mais le limon de la terre est diuisé en deux, sçauoir en visible,

Luc. 1. sect. 47.
2 Thess. 5. sect.
23. Genes 2.
sect. 7.
Voy Pamphi-
theatre de
Khunrad di-
gne d'eternel-
le memoire &
louange.
Paul tres-grad
philosophe &
Theologien,
admet aussi
trois parties
en l'homme,
sçauoir l'es-
prit, l'ame, &
le corps.
Il y a deux
ames, ou deux
esprits en
l'homme, la
mortelle tirée
du limon la-
quelle est la
vie du corps,
& l'immortel-
le, venant de
Dieu.

ble & en inuisible, l'homme tient vn corps
de la terre & de l'eau, sa vie de l'air, du firmament & du feu, c'est à dire esprit syderique, lequel est vrayement l'homme, & non
pas la chair & le sang; & tout ainsi que l'esprit
syderique est la vie du corps, de mesme l'esprit de Dieu est la vie de l'ame intellectuelle;
& tout ainsi comme l'esprit syderique habite
dans le corps & exerce ses fonctions tant la
nuict que le iour, (parce qu'il est l'hôme mesme & le firmament contenant toutes choses)
de mesme l'esprit de Dieu, parolle du Pere,
homme eternel habite dans l'ame, & la maison du corps materiel est l'habitation de
l'ame, ne plus ne moins que l'ame est celle de
Dieu: donc puis que l'homme (chef d'œuure,
& perfection de tout ce que Dieu a fait, image tres-parfaite de tout cest vniuers, le naïf
& plus approchant simulacre de Dieu, en la
creation duquel il s'est reposé, côme n'ayant
rien de plus admirable entre les mains, l'hôme dis-ie auquel le Createur mesme a employé toute sa puissance, & sagesse parce qu'il
contient en soy tout ce qui est en Dieu) a
esté composé de toutes choses, & fait au si-
xiesme iour la derniere de toutes les creatures, portant l'image non seulement de Dieu
eternel, ains encore du Macrocosme, parce-
qu'il contient en soy toutes choses aussi bien
que luy, il s'ensuit que les trois mondes ou
cieux, sont en l'homme, & qu'il est porté par
les mesmes trois mondes; ou pluftost, que
luy-mesme est les trois mondes ensemble, &

L'esprit est la
vie de l'ame,
l'esprit & l'a-
me sont la
vie du corps.
Iean 14.

Dieu crea
l'homme pour
affin qu'il fut
son tabernac-
le, tant en ce
siecle qu'au
futur.
Manil. Exem-
ple chascun
son particu-
lier est l'ima-
gé de Dieu en
vn tableau ra-
courcy.

La chose na-
turalisée par-
ticipe de la
nature en soy
naturalisant.

Dieu habite en
l'ame comme
dans le ciel de
l'homme.

exem

exéplaire de l'vniuers, à raison dequoy quelques - vns l'ont appellé fort à propos le quatriefme monde, auquel fe treuue tout ce qui
eft aux autres trois, ou bien l'vnique creature contenant toutes les autres, parce qu'elle
a l'efprit de Dieu : car qu'eft-ce que l'efprit,
ou ame intellectuelle de l'homme influée par
par la bouche diuine? ie m'affeure que perfonne ne fera fi temeraire que de nier qu'elle foit autre chofe que Dieu mefme, habitãt en nous: quãt au corps inuifible ou homme interne, Aftre & efprit, veu fa raifon, il
eft d'accord auec les Anges, comme eftant
compagnon auec eux, & combien qu'il foit
vray image, cela n'empefche pourtant qu'il
ne foit efgal aux Anges en toutes operations
magiques, outre qu'il eft poffeffeur de toutes
chofes, entant qu'il poffede vn corps phyfique compofé du plus fubtil de cefte grãde
machine & de la quinteffence de toutes les
creatures : car toutes les chofes externes ne
fent autre que le corps de l'homme, à raifon
dequoy il communique auec les trois modes,
(fçauoir auec l'archetype ou deal, auec l'intelligible ou angelique, & auec le fenfible, elementaire ou corporel) & fymbolife en operations & conuerfation auec eux: Ie croy que
perfonne ne met en doute, que l'homme ne
communique auec Dieu archetype par le
moyen de l'ame intellectuelle, laquelle eft
proprement vne particule de la diuinité en
faueur de laquelle Dieu a exprimé en nous
fa femence & effigie (non pas à la façon de
l'Echo

1.
L'entendement ré.

Le carroffier
de l'ame ou
de l'efprit rai
fonnable enferre & con
tient en foy
(de mefme
que Dieu
eternel) tous
les eftres,
temps, &
lieux.

l'Echo nymphe feinte par nos anciés Poëtes, laquelle renuoye la voix de loing par la reuerberation de l'air, à raison dequoy elle represente vne ame vegetable) mais l'ame raisonnable esleuée en Dieu & vnie auec Dieu, conuerse auec Dieu, & fait le mesme que Dieu, si bien qu'il ne se treuue aucune chose en l'homme, voire iusques à la moindre disposition, en laquelle on ne remarque quelque eschantillon de la diuinité, comme aussi il n'y a rien en Dieu qui ne soit veu en l'homme. En second lieu l'homme symbolise auec les Anges, quant au corps inuisible; & de l'ame raisonnable par le moyen de laquelle il opere & conuerse auec eux, & possede la mesme sapiéce qu'eux, parce que l'ame est familiere compagne des Anges, aussi bien que le corps du firmamét, & des estoilles desquelles il a pris son corps astral ou syderique, lequel neantmoins est vray homme astral, par ce que ce n'est pas la chair ou le sang qui font l'homme : mais seulement cest esprit syderique qui est contenu en la chair & au sang, aussi ce seul esprit est le subiet de la raison humaine, contenant en soy la science, esprit, dis-ie, lequel ioinct au corps fait l'animal, quoy que ce dit esprit, & l'Astre en l'homme ne soient qu'vn : toutesfois le corps est le suiet de cet esprit, d'où s'ensuit que les Astres regissent l'homme en esprit, c'est à dire, ont vne grande force sur l'esprit de l'homme: mais l'esprit plus noble que la chair regit l'homme, selon la chair & le sang : toutes=

ſ₂.

iii. Tout ainſ côme l'homme contient reellement en ſon corps toute la nature corporelle, de meſme ſelon l'intellect, il contient tout le monde.

E 4 fois

fois cela n'empefche que cet efprit (duquel ie
parle qui eft le fyderique,) ne foit mortel, veu
qu'il n'y a que l'ame intellectuelle en l'homme infpirée de Dieu, laquelle foit exempte
du ioûg de la mort, l'homme fymbolife encore auec les elements, parce qu'il a tiré fon
corps phyfique, mortel, & terreftre d'eux, &
d'autant qué (felon Paracelfe) le môde-pere de
l'homme a en foy les quatre habitans, c'eft à
dire les inquilins des quatre elemens, outre
le cinquiefme genre des Flages diuifé en mille efpeces incorporées: toutesfois à l'ame du
Macrocofme, l'imagination de ces cinq fortes
d'efprits aux elemens, feront encor en l'hôme,
c'eft à dire au Microcofme: mais l'vfage de la
raifon humaine (felon la volôté & commandement de Dieu) eft femblable à vne cadene parce
que ces cinq fortes d'efprits font vnis & liez
enfemble, affin qu'ils fe repofent auec fon
imaginatiô. Outre ce il eft certain que l'homme a encore quelque fympathie auec les animaux elementez, auec les vegetans, & tous
les mineraux: car il poffede leur nature & proprieté: doncques l'homme derniere creature,
eft tres-noble & excellét, parce qu'il a en foy
toutes les parties du monde, fi bien qu'il n'y
a rien au grand monde, qui ne foit reellemét
trouué en l'homme: car le fils eft en toutes
chofes femblable au pere, & cognoiffant le
pere, l'on cognoift le fils; c'eft pourquoy l'hôme miracle de la nature grand & admirable
extraict, noyau des quatre elements, tres-grâd
artifice de Dieu, l'homme en fin exemplaire

tres-

Marginal notes:

Toutes chofes
ont efté tirées
du rien: mais
l'homme a
efté faict de
toutes chofes.
Le grâd mon-
de eftoit la
matrice d'A-
dam, de mef-
me auffi toute
la machine
du monde eft
côme la ma-
tiere de tous
les hommes,
& de tout ce
qui a eu naif-
fance. Ioan 1.
fect 1. Ioan.
1. fect. 11. 21.
22. 23.

tres-parfaict du monde, est vrayemét la totali-
lité de toutes les creatures, parce qu'il est tout
le monde, aussi c'est luy tout seul qui jouyt de
ce priuilege, d'auoir symbolisation, operation
& conuersation auec toutes les creatures, voire il monte en vne telle perfectió, qu'il se
faict fils de Dieu, & se transforme en la vraye
image de Dieu, s'vnissant auec luy ; merueille
de l'amour diuin, qui a concedé à l'homme ce
qu'il a desnié à toutes les autres creatures,
voire mesme aux anges!

Mais auant que passer plus outre, la necessité requiert que nous parlions plus amplement
de l'homme syderique, inuisible, sçauoir de
son origine & puissance. Sus donc si cet esprit
olympique qui faict l'homme, eust esté cogneu
par Aristote, & remarqué par Galien, la philosophie & la medecine (affin que ie passe la
Theologie.) ne fussent pas entassés d'vne si
grande suitte d'erreurs, lesquelles les professeurs ethniques y ont semé. Or donc l'homme inuisible ou esprit olympique vient en ceste façon au monde, Adam & Eue ne sont pas
sortis d'autres parens que nous qui leur sommes posterieurs : mais ils ont esté produicts
(quant au corps visible & inuisible) du limon
de la terre, ou grand monde, comme il a desia
esté dict : car toute la grande machine du mó-
de a esté reduicte en vn Microcosme, de façon qu'il ne se treuue rien en tout le monde,
qui ne soit aussi en l'homme : donc l'homme a
prins son corps physique, elementaire, visible,
& palpable, de la terre, & le syderique inuisible,

Les choses sé-
sibles autant
que les insen-
sibles ont vn
esprit astral,
ou participent
des astres. Eue
n'est autre
chose qu'vn
Adam trans-
planté.

ble, & infenfible (lequel eft le domicile de l'e-
fprit vital) des aftres du firmament ; & par
ainfi Adam auoit deux corps, fçauoir vn vifible elementaire, & vn inuifible celefte, ou fyderique, d'où vient que maintenant en la naif-
fance de l'homme, il s'en treuue toufiours
deux, fçauoir l'homme corporel, elementaire,
& vifible (organe & inftrument de l'inuifible) & l'homme incorporel ou aftral, lequel
donne mouuement, gouuerne, & inuente les
artifices: car par l'homme, les aftres produifent
toufiours ces deux en l'homme, fçauoir le
corps vifible elementaire du fang, & de la
chair, dans le ventre maternel : mais le corps
inuifible fyderique & capable de la Philofophie des aftres du firmament: d'autant que cet
homme demeure comme vn petit monde,
femblable à fon parent le Macrocofme : toutesfois comme le grand monde eft diftingué
de l'angelique par fon efcorce, de mefme l'hôme petit monde eft different du Macrocofme,
par le moyen de fa peau ; * d'où s'enfuit que
l'homme interne, fyderique, incorporel, &
olympique n'a aucune difference d'auec le firmament, ou maifon des aftres, & (comme a
efté fouuent dict cy deffus) il eft autant infe-
parable d'eux, que la rougeur du vin ; la blancheur de la neige, & la fplendeur du Soleil:
quant à l'autre partie de l'homme, c'eft à di-

re

Les premiers hommes prouiennét de la creation, les autres de l'eftre de la femence.

L'efprit de vie vaut autant à dire que le fouffle de vie.

L'efprit du limbe c'eft à dire animal aftral, ou participant des aftres.

Le corps du limbe, & le fouffle doiuét eftre vn affemblage ou mariage, autremér la geniture fera baftar-de, mauuaife, & alterée : car comme le mariage eft vne perfection de deux en toutes chofes, de mefme l'adultere empefche la lumiere de la nature, voy Paracelfe in philofophia fagaci.

*Paracelfe dit que l'element du feu, ou le firmamét encore qu'il foit tres-fubtil, eft toutesfois vn corps, parce que fes fruicts font des corps ; & fans cet element tels fruicts ne pourroient eftre produicts. * Le vent eft vn corps, ayant puiffance ! ne plus ne moins qu'vn corps vifible) de renuerfer vn autre corps : non feulement les corps vifibles : mais auffi les inuifibles creés de Dieu font corps d'vne mefme puiffance, l'homme interieur, le ciel interne, l'afcendant & la conftellation particuliere.*

re le corps syderique, appellé le Genie de l'hôme, d'autant qu'il tire son origine du firmament, les Latins l'appellent encore *Penates*,
à cause de la proximité qu'il a de nous, & vient
encor au monde auec nous, ombre visible, esprit domestique, homme ombrageux, petit
homme familier des philosophes, Demon ou
bon Genie, Adech interne de Paracelse, spe-
ctre lumiere de nature, Euestre prophetique
en l'homme. Outre ces noms il s'appelle encor imagination, qui enclost tous les astres
dans soy, & en son vnité est tous les astres ensemble, retenant le mesme cours, la mesme
nature, & la mesme puissance que le ciel; maintenant donc les astres (ie ne parle pas des sept
planettes ou charbons visibles du ciel, corps
des astres, mais de l'inuisible & insensible
corps de toutes choses, c'est à dire l'esprit
astral) ne sont autre chose que les vertus an-
geliques: mais les anges rassasiez par le seul re-
gard de la diuinité, sont la sagesse creée de
Dieu, d'où vient que celuy qui cognoist Dieu
cognoist aussi les astres; cognoissant les astres,
il est impossible qu'il puisse ignorer le monde, ny par conséquent l'homme, qui est le fils
du monde. Les astres se multiplient ensemble, ne plus ne moins que la semence du froment (c'est à dire corps inuisible) jettée en
terre, produict de soy vn corps visible, & plusieurs autres grains, lesquels ont le mesme
son,

Marginal notes:

Cest esprit est le docteur de la vraye astronomie.

L'vsage & manducation de la pomme a produict en vigueur ce corps syderique astre, & semence, Vulcan & Archée sont le mesme, & vn esprit sans raison, diuers toutesfois, parce que les formes de plusieurs choses sont diuerses.

L'esprit astral en tout croissant a besoing d'vne habitatió corporelle.

L'homme interieur est le mesme ciel, ou bien tous les astres enseble. Lys chez Picus, comme Trithemius s'est metamorphosé alternatiuemét aux diuers Euestres du triple mode, & s'est chãgé en diuerses especes de figures, & interrogé par Picus en ceste forte de luy Dieu, la luy en la chose at-

monstrer la puissance cachée de l'homme creé à l'image de
monstra par vne reelle magie: les speculatifs se transforment
tentiuement cõsiderée, ou imaginée: car l'intellect de l'homme se rend semblable à toutes choses.

aftre que le precedent. Le mefme arriue aux
autres crelcitifs, & viuans; la difference eft,
qu'aux crelcitifs il eft irraifonnable: mais aux
viuants(comme à l'homme)il croift auec raifon,& eft diuers felon que les formes des chofes font diuerfes. Quant aux corps ils ne font
autre chofe que l'excrement des aftres produicts en eftre corporel par leurs operations,
ce qui eft poffible à vn chacun des aftres en
fon particulier, d'autant qu'ils peuuent produire vn autre aftre corporel, en l'imaginant,
& formant par leur propre operation: car il
ne fe peut treuuer aucun corps, lequel foit
fans aftre, de mefme qu'il ne fe peut treuuer
aucun aftre fans corps vifible:mais comme l'i-
magination de l'homme n'eft pas vn aftre
feul,ains tous les aftres enfemble,il eft neceffaire qu'elle produife beaucoup d'operations
diuerfes; & quoy que l'imagination foit inuifible fans corps, toutesfois eftant efleuée &
conioincte à vne ferme foy, foit qu'elle foit
naturelle ou autrement; grande merueille!
elle eft comme la porte,la fontaine,& le commencement de toutes les operations magiques: & fans le detriment ou diminution de
l'efprit aftral,ou fyderique, elle a la puiffance
de produire & engendrer des corps vifibles;
voire ce qui furpaffe l'entendement humain)
foit qu'elle foit prefente ou abfente,elle peut
mettre au iour toutes les plus admirables opé-
rations; outre plus l'imagination eft la vraye
lumiere naturelle aux chofes incorporées, ne
plus ne moins que la foy, laquelle rend les
　　　　　　　　　　　　　　　chofes

choses eternelles, visibles; par les impressions de l'imagination l'enfant reçoit des marques assez notables dans le ventre de la mere sans aucun touchement corporel, * & tout ce que nous faisons visiblement auec le corps, nous le faisons spirituellement par l'imagination, d'où s'ensuit que par icelle nous formons la peste, & autres semblables maladies firmamentales ; l'imagination donne la santé ou la maladie. I'ay dict qu'elle donne la peste, d'autant qu'elle prend sa naissance de la terreur ou crainte, & prend son origine de l'esprit du petit monde, ou esprit syderique & animal (lequel est le mechanique de l'astral) de l'homme, ce qui se preuue par l'exemple de l'enfant, lequel reçoit les marques sans estre touché. Cet esprit syderique nay auec l'homme par le moyen des astres, demeure pour ceste occasion auec l'homme, & est l'aymant ou nature magnetique en l'homme : car comme l'aymant terrestre est esprit par son corps, & a les vertus attractiues, de mesme aussi le corps esprit au corps visible de l'homme attire, & celuy-cy est l'aymant du Microcosme ; le corps & esprit syderique attirent à eux les vertus des astres, comme il appert fort bien aux lunatiques, ausquels sont manifestées les proprietez, affinitez, conuenances de telles vertus magnetiques, lesquelles l'esprit & corps syderique de l'homme est en partage auec les astres : ceste quatriesme espece de magie naturelle appellée *Gamahaos*, par l'ayde de l'art faict spirituellement, & inuisiblement toutes les choses,

* L'impression de l'imagination qui prouient de la crainte ou de la tristesse, est la source, & origine des maladies, & de la mort. Comme le soleil nous communique sa clarté à trauers le verre, de mesme les astres enuoyēt la peste à trauers la peau. La sapiēce est le principe de l'enchantement, & les astres obeyissēt à la sagesse humaine.

L'esprit est tel à raison du corps elementaire, voire mesme il parachue les operations spirituelles.

Toutes choses sont tres-euidentes au ciel, toutes les actions & euenemens des hômes sont depeintes aux astres.

Chasque animal a son signe ascendant au ciel de mesme que l'hôme brutal.

Tout corps est produict d'vn esprit subsistant inuisible & incomprehensible.

Triple rié, negatif, diuin, & priuatif, cela est l'organe de la lumiere de la nature, ou des astres.

Tout le ciel n'est autre chose que l'imagination, laquelle cause en l'hôme les pestes, fiéures, &c. sans aucun instrumét corporel.

ses, lesquelles la mesme peut faire visiblement & corporellement : le corps qui est la maison est comme mort : mais l'habitant (sçauoir l'esprit du perpetuel mouuement de la nature inuisible, ou de l'ame du monde, estincelle magnetique) est viuant, & opere auec plus de vigueur toute la sagesse animale, les arts, les ouurages, les sciences, en fin la cognoissance de toutes choses sont cachées dans les astres du firmament, & n'y a rien de si caché au mónde, qu'il ne soit exprimé ou prefiguré aux astres, voire tous les astres du firmament, lesquels sont la teincture de la speculation de nostre esprit, peuuent (par leur force engendrée auec eux) produire en imaginant, des choses visibles & corporelles de l'inuisible & non apparent, ne plus ne moins que l'on voit en vn instant du temps serain, s'esleuer vne grande nuée, laquelle donne la pluye, neige, rosée, gresle, & tonnerre, lesquelles choses, quoy qu'elles ne soient rien auant leur production : toutesfois produictes de l'inuisible, se rendent & font grand corps ; & par cet exemple nous serons enseignez, comme auant la creation premiere, toutes choses sont sorties & produictes du rien diuin, ou du poinct inuisible des cabalistes, lequel a esté faict de Dieu en vn seul moment, ie dis moment, parce que les œuures de Dieu ne sont point subiectes à la longueur du temps : car toutes choses ont esté tirées des tenebres, & mises au iour par la seule parolle de Dieu : mais puisque l'homme prend son corps syderique

rique des astres, & que la totale imagination
depend des astres du firmament, voire depuis
qu'elle n'est differente en aucune façon d'eux
& demeure auec eux : il est pareillement necessaire que le firmament aye vne imagination, mais differente de celle de l'homme; parce que celle-là est sans raison, & celle-cy est
raisonnable, d'autant que par le coup ou iet-
tement de pierre, ou autre chose pesante, l'hôme blesse l'autre : mais ceste action semble
estre raisonnable, parce qu'elle prouient d'vne
cause doüée de raison, ce que ne faict pas le
feu ou l'ortie, quand ils bruslent, ou picquent
estans destitués de ratiocination. Outre ce
puisque l'homme est la quintessence du grand
monde, il s'ensuit que l'homme peut imiter
non seulement le ciel, ains encore le peut regir & gouuerner : car toutes choses obeïssent
naturellement à l'ame, & portent necessairement leur mouuement & efficace à ce que l'a-
me desire auec affection, si bien que lors que
l'ame est portée par quelque desir violét, elle
force les vertus & operations de toutes choses, de luy porter obeyssance, outre ce ayant
attiré ses vertus du grand Archetype de nos
œuures par l'esleuation que nous faisons en
luy, elle contrainct & attache au ioug de ses
volontez les vertus mondaines, & toutes les
creatures; voire alors nous sommes suiuis de
toute la cour celeste : car par la foy naturelle
& engendrée auec nous, par-laquelle nous
sommes rendus esgaux aux esprits, accompagnée de l'imagination, se font toutes les mer-

Par la foy no9
pouuons faire
des bonnes &
mauuaises œu-
ures, la per-
missiõ de Dieu
nous estãt cõ-
cedée.

ueille

ueilles & operations magiques; ie dis accompagnée de l'imagination, parce que l'imagination opere en l'homme à la façon du Soleil:
car comme le Soleil corporel, ou corps solaire opere en son subiect sans l'ayde d'aucun
instrument, & le redige en charbons ou en
cendres; de mesme l'imagination incorporelle de l'homme opere spirituellement en son
subiect, ne plus ne moins que si c'estoit vn instrument visible, & tout ce que le corps visible faict, est aussi possible au corps inuisible

Cecy est l'art
Cabalistique.

ou corps syderique, portant dommage à vn
autre. L'imagination de l'homme est vn vray
aymant, lequel a puissance d'attirer à soy de
cent lieües: voire tout ce qu'il desire en son
exaltation, il l'attire des quatre elements: mais
l'imagination n'est pas efficace qu'au preallable elle n'aye attiré la chose conceuë par ses
forces attractiues: car alors elle procree de soy
vn esprit naïf, vray architecte de l'imagination; quoy faict l'imagination (estant comme
enceinte) faict ses impressions; & quoy qu'elle
soit impalpable, toutesfois elle est corporelle;
d'où le sage ou vray magicien peut attirer l'o-
peration des astres, & la ioindre aux pierres,

La magie ou
la foy qui tras-
plante les mo-
tagnes à la do-
mination, &
empire sur
tous les esprits
& sur les ascé-
dans.

images, & metaux, lesquels par apres ont le
mesme pouuoir que les astres; à la preuue
dequoy ie ne veux que le miroir à feu, ou miroir ardent, par le moyen duquel nous ressen-
tons la chaleur des rayons solaires. Tout ce
que nous voyons au grand monde, peut estre
produict par le moyen de l'imagination; d'où
s'ensuit que toutes les plantes, metaux, & tout

ce

ce qui a les vertus crefcitiues, peut eftre produict par l'imagination ou vraye Gabalie ; &
cecy eft la partie de magie appellée Gabalifti-
que appuyée fur ces trois colomnes fuiuantes;
premierement aux vrayes prieres, faictes en
efprit de verité, où fe faict vnion de l'efprit
creé auec Dieu, & c'eft dans le *Sancta Sancto-
rium*, ou lieu facré, que Dieu eft appellé de l'e-
fprit interne, non pas par la force des parolles,
mais par vn facré filence, c'eft à dire par l'o-
raifon mentale. Secondement par la foy naturelle, ou fapience ingenerée, & communi-
quée efgallement à tous les hommes, comme
vn particulier patrimoine, par le Pere eternel.
Tiercement par la forte exaltation de l'imagination, les forces de laquelle font manife-
ftement demonftrées tant par le bafton de Iacob, duquel Moyfe faict mention, que par les
marques imprimées aux enfans dans le ventre maternel: donc l'imagination ou fantaifie
en l'homme eft femblable à l'aymant, parce
que naturellement elle attire la fantaifie des
autres hommes, comme nous voyons à ceux
lefquels baaillent : car alors la vehemence de
l'imagination tranfmue, non feulement le
corps propre, mais encore les autres : toutesfois il fe faut prendre garde que la tranfmutation n'eft que par le moyen de l'imitation,
c'eft à fçauoir par vne certaine vertu de la fi-
militude d'vne chofe pour faire tranfmutation de l'autre, efmeuë par la vehemence de
l'imagination, ce qui apparoift fort bien en l'a-
gaffement ou craquetement des dents, ou en

*Genef. 30. ch.
fur la fin.*

F   frottant

frottant vn fer contre vn autre, &c. d'autant
que par ces chofes les dents des auditeurs font
agaffées, & par le baaillement d'vn homme,
les autres font excitez à en faire autant ; plu-

La vraye foy eft la guerifon de la fauffe imagination. Plufieurs font malades, & gueris par la foy de l'imagination.

fieurs perfonnes ont donné entrée aux tenta-
tions diaboliques par la trifteffe ou meshance
de leur imagination ; & de faict nous voyons
beaucoup de gens eftre gouuernées par le
mefme, à caufe de leur imaginatiue, comme
auffi par là mefme nous voyons vn grand
nombre de gens, lefquels ayans chaffé l'im-
puiffance du foupçon par vne ferme foy, &
efleué leur efprit à Dieu, auec vne efperance infaillible confirmée par l'affiduité de leurs
prieres, fe font rendus à l'inftant le temple du
Dieu viuant. En fin tout l'affaire ne confifte qu'à la vraye & religieufe adoration diuine, accompagnée de douceur & faincteté, côme fçauent fort bien les fages : car à la verité
ie ne fais point de doubte que l'intellect, ou
ame intellectuelle ne foit conioincte aux intelligences par la faueur de fon intention,
eftant dreffée auec vne crainte filiale accompagnée de ferueur & deuotion : d'autant que
l'oraifon interne, ou mentale fortie d'vn cœur
fincere & net, fi elle eft côtinuée par vne fain-

L'entendemét purifié (côme la foudre) par-uient à la co-gnoiffâce plus occulte des chofes, & ont furmonté les ombrages & obfcurités.

cte ardeur, vnit & conioinct l'ame auec Dieu,
par le moyen duquel il void & cognoift toutes chofes : mais difons, ie vous fupplie, qu'eft-
ce que ne peut l'ame, fi elle eft affublée de la
colomne inesbranlable de la foy ? malheur,
qu'il y aye fi peu de gens qui l'entendent ! &
moins encore qui ayent l'induftrie de fe feruir

uir de cefte influence furnaturelle, laquelle
gouuerne le corps auec tant de force, quoy
qu'il s'en treuue beaucoup, lefquels ont la cognoiffance de cefte difpofition : mais ils
ne peuuent rien mettre en execution, qui re-
donde à la poffeffion de la fageffe, à caufe du
broüillement ou follicitude des affaires mondaines: toutesfois que ce foit affez pour le prefent, d'autant que ces contemplations tirées
de l'antiquité fembleront difficiles & efpi-
neufes à ceux qui ont l'efprit trop rude : car
peu les lifent, mais beaucoup moins les entendent, auffi demanderoient elles vn plus long
difcours pour leur efclairciffement, ce qui
nous fera pour le prefent pardonné, affin que
nous puiffiós retourner à noftre premier propos de la Chymie. Donc c'eft vn poinct neceffaire aux eftudiants en la Chymie, de cognoiftre le vray fondement de cefte philofophique & occulte medecine, à caufe de la cô-
cordance, & harmonique confpiration des
chofes fuperieures & inferieures, c'eft à dire
du grand & petit monde, ce que *Petrus Seue-*
rinus de Danemarc (& apres luy fon fidelle
Achate *Pratenfis*) d'où il a tiré l'immortalité
de la gloire de fon nom, apres le merite d'eftre
efcrit au catalogue de la plus fage antiquité,
& c'eft le moins qu'il meritaft, ayant mis au
iour, dans fon idée de la medecine Paracelfi-
que, ce fondement appuyé & deffendu par les
folides colomnes de la verité, pour le proffit
des enfans de l'art chymique, arriere donc
les aduerfaires, lefquels ialoux de l'honneur

herme

hermetique, se sont osé bander contre *Iosephus Quercetanus* Conseiller & Medecin du Roy de France, & contre *Thomas Bouius*, Italien natif de Veronne, & *Th. Muffetus* Anglois; qu'ils se contentent d'auoir si bien esté r'embarrés: par leur doctes escrits, qui meritoient plustost vn burin, qu'vne plume ; affin que ce vieillard Saturne ne les peut iamais consommer.

I I.

Où ceste vraye medecine est cachée.

Le froment ne croist sans yuraye, ny la farine ne se treuue sans son, ny le miel sans esguillő. Trois secrets sont regenerez sans la totale complexion des qualitez.

TOVT ce que Dieu a creé bon à l'extremité, est parfaict & incorruptible, comme est le ciel; mais tout ce qui est côtenu sous le cercle de la lune est doüé de deux natures, sçauoir de la nature parfaicte, & de l'imparfaicte; c'est à dire de la quintessence; & des feces, lesquelles doiuent estre separées par le benefice du feu ; puis donc que la vraye medecine est couuerte d'vne grande varieté d'escorces, matrices, & receptacles, à l'imitation des amandes & autres noyaux , lesquels sont cachés sous diuerses pellicules & escorces (la nature de la chastagne est de ne donner iamais son noyau, que sous l'asperité d'vne robbe autant fascheuse que picquante) il est necessaire, que ceste artificielle anatomie des Chymiques, soit separée des impuretés de ses elements, affin qu'on la puisse auoir en son vray estre de pureté, d'autant que par l'industrie & benefice de l'art, elle est despetrée de ses liens, si bien

ſi bien qu'alors les facultés medecinales quit-
tans les inacceſſibles deſtours de l'obſcurité
de leur demeure, donnent l'eſſort à leurs vertus, affin de pouuoir operer auec plus de facilité: donc en tous les ordres des choſes contenuës & entretenuës au ſein des elements,
c'eſt à dire aux trois familles vegetables, ani-
males & minerales (deſquelles on peut aſſez
retirer des medicaments pour la ſanté ou cō-
ſeruation du corps humain) ſe treuue cachée
ceſte vraye & ſpecifique medecine, propre
pour contrecarrer les maladies materielles,
laquelle (comme il a deſia eſté dict) ne conſi-
ſte pas aux nuës externes, & ſuperficielles,
qualitez (ce que monſtre doctement Theophraſte) veu que c'eſt vne certaine vertu ſpecifique & propre, encloſe dans les ſemences,
entée neantmoins par le ſouuerain createur,
& miſe dans le centre de toutes les choſes,
leſquelles ont le pouuoir de prendre accroiſſement ; & c'eſt depuis leur creation, par la
vertu de la parolle de celuy qui diſſipant les
tenebres, a tout mis au iour: doncques les vertus & facultés empreintes aux corps mixtes Et partant le
dés leur creation, ne plus ne moins que l'ame ciel eſt l'ou-
au corps, ne prouiennent pas de l'exterieur, urier des edi-
ny ſituation des eſtoilles, ny de l'amas acci- fices externes
dentel des atomes, moins encore du corps, ou non pas des
de la mixtion du corps, ou forme viſible : car grands ſecrets
autrement elles ne pourroient eſtre ſeparées & myſteres,
ſans la corruption & deſtruction du corps, & leſquels habi-
de la forme viſible ; ce qui eſt fort clair au tét en la mai-
poiure, & à la canelle, deſquels les vertus s'e- ſon externe.

uaporent librement par leur vieilleffe, ou par
l'extraction artificielle : mais tout ainfi comme toutes les actions naturelles prennent leur
fource des efprits, ou teinctures fpirituelles,
aufquelles eft la vigueur des trois principes
des fciences mechaniques: de mefme les actiós
des efprits, ou reinctures vitales, fpirituelles,
ne procedent pas des corps, ou des qualités
mortes, & puifque tous les plus experimentez
naturaliftes côfeffent qu'il n'y a rien au monde dequoy ne s'en treuue quelque parcelle en
l'homme, c'eft à dire au Microcofme, comme
il a fouuent efté dict cy deffus; voire que les
femences de toutes chofes font cachées en
l'homme, fçauoir des mineraux, des aftres, me-
teores, vegetans animaux, efprits ou demons,
à raifon de l'efprit de l'homme: cefte fymme-
trique concordance, & anagogie phyfique
bien confiderée, l'office des vrays medecins
eftoit de regarder, fi par exemple le cœur interne du Microcofme eftoit malade, affin d'exhiber les remedes confortatifs prins du cœur
externe de fon pere le Macrocofme, qui par
fon analogie le reprefente, finó par fa forme &
figure externe, au moins par só interne. Or ces
medicaments peunét eftre tirés en beaucoup
de façons du magafin des trois familles fufdictes de la nature: car Dieu a creé vne inef-

Toute la na-
ture inferieu-
re eft diuifée
en trois par-
ties principa-
les, fçauoir ve-
getable, ani-
male, & mine-
rale.

puifable abondance des remedes, lefquels il a
fuffifamment diftribués à chafque region : &
par ce moyen entre les metaux l'on treuuera
que l'or (lequel de foy-mefme porté dans la
bourfe refiouyt tous les efprits) l'antimoine
& fem

& semblables produicts par la vertu de l'element aquatique, comme encore les perles engendrées dans les coquilles du nacre par les
gouttes de la rosée ; outre ce les huiſtres co-
quillés, & autres corps, par vne force ſpecifique & harmonique regardent, & tendent à la
ſanté du cœur Microcoſmique, comme entre
les mineraux les caracteres ou hieroglifes magiques, leſquels ne leur ont pas eſté temerairement attribués par la ſage antiquité; ces caracteres, diſ-ie, leſquels doüez d'vne lumiere
naturelle; parlent magiquement, & declarent
leurs vertus internes aux naturaliſtes, ou ſecrets philoſophes, quoy que la plus grande
partie d'iceux naturellement preparés, par vn
iuſte decret de la nature, deſniét leur vital element à ceux qui les poſſedent. Auſſi il ſe treuue beaucoup de gens leſquels confondent les
loix de la nature, pour pouuoir iouïr d'vn aliment ſi exquis. Et de fait il n'y a point de doute que l'or (deſpetré de ſes entraues , leſquelles empeſchent l'exercice de ſes facultez) reduict de puiſſáce en acte, c'eſt à dire en ſa premiere forme (car les voyes de compoſition &
reſolution ſont ſemblables, la raiſon eſt, que
la nature mere de l'art eſt d'accord auec iceluy, & l'art auec la nature) fera voir des actiós
toutes diuines: toutesfois diſons franchemét,
que bien peu iouyſſent de ce benefice là, que
de rompre la conionction de l'or pour le rendre potable, nous auons dict cy deſſus des mé-
taux & mineraux. Il faut donc venir aux vegetans ; ſi nous voulons marcher auec l'ordre

L'art imite la nature, & ſup-plée à ſes def-fauts, les cor-rige, meliore, les aſſiſte & ad uance, voire meſme ſurpaſ-ſe la nature.

qu'il est requis : donc entre les vegetans on
treuuera le saffran, la ruë Melisse, Chelidoine,
Macer, & cent autres semblables; entre les animaux, la corne de Cerf, du Monoceros, os du
cœur d'vn Cerf & autres, lesquelles choses
preparées comme il faut, & reduictes en esprit (car tout ce qui est requis pour la santé, est
enclos aux esprits, lesquels seuls sont capables
d'agir aux lieux affectés: car à la verité la terre
& les escorces sont choses mortes, & impuis-
santes pour l'action) toutesfois la reduction
en esprit ne faict pas le tout, si l'exhibition
n'est methodique. Ces choses susdictes preparées exactement, proffitent grandement pour
les affections du cœur ; i'ay dict les esprits, à
fin qu'on ne pense pas que ie vueille admettre ces externes & superficielles qualités, lesquelles ne sçauroient agir par vne force interne, propre, specifique, ou harmonique: ce sont
les seules formes en medecine, ou astres me-
dicamentaux, lesquels separés par l'art chymique, sont les vrayes directions : car le ciel
ou astre dirige le secret, & non pas le corps ;
le cheual cognoist sa creiche, les oyseaux leur
nids, l'aigle le cadaure, & toute sorte de medicaments, par vne certaine vertu magnetique
(laquelle à bon droict ἰδιότης ἄῤῥητ⊙ est appellée similitude indicible) s'en va à son lieu ten-
dant au membre auec lequel il symbolise,
d'autant que les semblables ayment leurs semblables, & les domestiques s'appliquent naturellement auec les domestiques, ce qui a esté
fort diligemment obserué par la longue experience

perience de plufieurs doctes medecins, à raifon dequoy *Celfus Romanus* medecin tres-fameux ne fait point de doubte que l'experience, mere de tous les arts, n'apporte vn grandiffime proffit pour la cure des maladies, auffi
c'eft cefte experiéce qu'a eu le courage de faire perdre l'eftrier à plufieurs doctes medecins attaqués par des femmes, lefquelles cour-
boient defia le dos fouz le pefant fardeau de
la vieilleffe ; ce que nous auons dit du cœur
fe doit entendre de chafque autre mébre en
fon particulier, & confequemment des autres
fix principaux ; le cerueau externe du Macrocofme eft l'huille d'argent, la liqueur du Saphir, Smaragde, Mufch, Vitriol, &c. lefquels
ont le pouuoir de conforter l'interne Microcofmique, le baulme des poulmons & de la
poictrine, font les fleurs de *chybur* ou foulphre.

> L'experience
> (comme le
> iugemét) fans
> fciences eft
> trompeufe,
> difficile &
> hazardeufe :
> mais auec la
> fcience elle
> eft certaine &
> veritable.

En cefte façon l'on euft faict rencontre des
remedes. pour foulager non feulement les
maladies legeres, ains encore les chroniques,
aftralles, & fixes lefquelles ont efté eftimées
incurables, felon le iugement de quelques
medecins., lefquels n'entendent pas les femences, lieux natiuitez, racines, & centre
des maladies, à caufe de leurs racines hautes
& fixes; mais ie dis qu'il n'y a aucune maladie
(entant que maladie) qu'elle n'aye fon remede propre & conuenable, fi ce n'eft que par
vne diuine predeftinatió incogneuë aux mortels, elle fe rende incurable : car alors il n'ap-
partiét pas aux medecins d'en auoir cognoiffance

> Il n'y a point
> faute de re-
> medes, finon
> (pour l'ordi-
> naire) à caufe
> de noftre hó-
> teufe igno-
> rance d'iceux.

sance : mais seulement aux saincts, lesquels par l'integrité de leur foy peuuent guerir toute sorte de maladies, ou bien selon Pline, que nous vueillons taxer de mésonge, & faire marastre la nature & ses forces, laquelle a esté si liberalle & officieuse, qu'elle n'a pas desdaigné de fournir des remedes iusques aux brutes, lesquelles par vn certain instinct naturel cognoissent ce qui leur est necessaire pour subuenir à leur maladie. En fin c'est aux fols & insensez de croire que Dieu aye voulu cacher ces thresors si precieux aux hommes, & de fait ce seroit en vain qu'il auroit creé ces choses là, veu principallement qu'il en a donné vne particuliere cognoissance aux bestes sauuages : car l'experience maistresse de toutes choses nous faict clairement voir, que la cigoigne cherche sa santé en mangeant des serpents, & le pourceau blessé par les serpents vse des escarabots pour sa medecine ordinaire, les sangliers du lierre, & les gruës du ionc, & la tortue se sentant piquée d'vn serpent mange de l'origan auquel par vn secret de nature sa santé est cachée : si le crapaut se sent mordu par quelque autre animal, il court à la ruë, ou à la saulge contre laquelle il frotte la partie affectée & par ce moyen se guerit, à raison dequoy (en faict de la saulge) il n'est pas bon d'en mãger sans l'auoir au preallable bien lauée ; la bellette asseurée de se battre contre le roitelet mange de ruë, la pie met quelque petite quantité de fueilles de laurier dans son nid, lesquelles luy seruent de

vray

Marginalia

Comme il y a deux sortes de medecins, les vns qui guerissent miraculeusement & les autres naturellemēt, par les medicaments. De mesme il y a deux sources de chasque maladie, vne naturelle ; & l'autre celeste.

La parolle de Dieu guerit diuinement la nature par les remedes naturels :

vray antidote contre ſes maladies, la Huppe
ſe ſert de l'Adiantum, l'Ours des fourmis
eſtant bleſſé de la Mandragore, les oyes, can-
nes, & autres oyſeaux aquatiques reçoiuent
leur ſanté par le moyen de l'herbe appellée
Helxine, les colombes par la verbene, les hi-
rondelles par la chelidoine, les eſpreuiers par
le *hieracium*, ou herbe à l'eſpreuier, en fin
les autres animaux ont trouué vn nombre
preſque infiny d'herbes pour leur ſanté; donc
perſonne ne doit mettre en doute que le pere celeſte n'aye poſtpoſé les brutes aux hommes, ſes enfans, leſquels portent l'image tres-
parfaicte du pere; & de faict il ſembleroit autrement qu'il y euſt de l'iniuſtice, veu qu'il
a creé toutes choſes pour l'amour & vſage de
l'homme: car à quelle occaſion nous auroit-
il donné ſon fils, & commandé de le prier par
ſon S. Eſprit. Donc ce ſeroit mal à propos
d'inferer qu'il euſt poſtpoſé l'hóme aux brutes; l'homme diſ-ie, auquel il a rendu toutes
creatures ſujettes, & de fait le ſupréme autheur de la nature a creé la medecine de la terre, mais ſans imperfection aucune : comman-
dant aux medecins de la rechercher auec vne
aſſiduité, autant pieuſe que diligente, affin
de l'exhiber aux malades auec la preparation
requiſe & cóuenable; il ſe faut prendre garde que les medicaments applicables au corps
humain ne tiennent pas leur force d'eux-meſ-
mes, ains ſeulement de la faueur & bonté
diuine: car ſi Dieu eſtoit abſent, ou qu'il n'euſt
donné la force aux herbes, qu'eſt-ce que
feroit

Siracid. chap.
38. ſec. 4.

feroit le *dittamnus* ou *panacea*.

Donc ces chofes inferieures(ie dis les animaux, herbes, pierres, metaux ont leurs forces par la faueur du ciel, le ciel des intelligences, & les intelligences du grand fabricateur celeste, auquel font toutes chofes auec vne tres-grande vertu. La vie naturelle fe réd vniuerfelle par la fontaine de vie, c'eft à dire Dieu: car les elements viuent du firmament, le firmament du monde intelligible, & le monde intelligible tient fa vie feulement de Dieu, ou du Verbe eternel : donc la vie de tout n'eft qu'vne feule vie en tout, laquelle neátmoins fe gliffe diuerfement felon la diuerfité des fujets qu'elle influë : c'eft

pourquoy lors que nous auons deliberé de faire quelque operation par le moyé des herbes, il ne faut pas tant auoir de fiance aux herbes qu'à Dieu, d'autant qu'en cefte feule façon les chofes ont vn fuccez tres-heureux: car autrement noftre effort fe rend vain, veu que nous n'auons noftre intention & foy addreffée à Dieu autheur de toutes chofes;d'où vient qu'Affa franchit le pas pour s'eftre plus fié aux medecins qu'à Dieu ; en fin c'eft la feule medecine celefte ou parolle de Dieu,laquelle eft le leuain de la medeeine : car fans icelle la medecine n'auroit aucun pouuoir; auffi c'eft elle, laquelle guerit toute forte de maladies à caufe de l'efficace du Verbe, duquel procedent toutes les vertus, furpaffant les actions humaines, en fin du Verbe, où par le Verbe, les medicaments fe rendent

                         puiffants,

Marginal note: Donc en toutes chofes il faut auoir recours à la fainéte volonté de l'autheur & maiftre de la nature 2. Chrift.17.fect. 12. Pfalm. 11. Siracid. 38. fect.9.10.11.12.

puissants, & tout ainsi cóme l'escorce n'est pas
le noyau, de mesme aussi les herbes ne sont
pas la medecine, ains seulemét le signe du verbe, qui est le signe. En terre se treuuét deux medecines, l'vne desquelles a esté creée du Pere
celeste, laquelle nous appellós visible, & celle-
cy ne doit pas estre administrée au corps humain, qu'apres la separatió des impuretez; l'autre est inuisible creée par le Fils, & ces deux
medecines conjoinctes n'en font qu'vne ; le
medecin guarit bien les herbes: mais les herbes sont tant seulement le milieu auquel est
la medecine, si bien donc que l'herbe n'est pas
la medecine, ains seulement le subjet auquel
la medecine a esté cachée par Dieu mesme.

Ces choses bien considerées par vn iuge- A&. 3. sec. 6.
ment sain & tranquille nous cesserons nostre
admiration, voyant que Dieu guerit les
hommes en la seule prononciation de sa
parolle, par les Prophetes & vrays cabalistes: car il n'y a rien de plus asseuré que Dieu
est viuant ; or si Dieu est viuant, son nom l'est
aussi, si son nom est viuant, les lettres desquelles il est escrit sont viuantes ; Dieu vit
par soy, son nom vit pour luy, & les lettres
de son nom viuent par le nom ; & tout ainsi
comme Dieu a la vie en soy-mesme, de mesme aussi a-il donné à son nom de l'auoir en
soy, & le nom aux lettres.

Par les vrays magiciens contemplateurs de
la nature (ie n'entéd pas par ce mot de magicien les necromantiens) la parolle escrite, les
caracteres & seaux faicts en certain temps
auec

auec sa vertu celeste loing de toute superstition (fille pour l'ordinaire de l'ignorance) &
prophanation du nom de Dieu, sans faire iniure à la Foy & Religion Romaine (car autrement il seroit beaucoup meilleur d'estre
tousiours estendu sur le lict des miseres, que
de viure auec tout contentement hors de la
grace Dieu) & à la verité selon le rapport

Tels nõs sont des diuinitez.

d'Agrippa les caracteres & noms constellez
n'ont aucune puissance à cause de leur signe,
ou de la prononciation, ains seulement à raison de la vertu ou ordination de Dieu, ou de
la nature à tel nom & caractere : car il n'y a
aucune vertu soit au ciel ou à la terre laquelle
ne procede de Dieu, sans la faueur duquel il
n'y a rien qui puisse mettre en effect ce qu'il
a en puissance. Les medicaméts sont des corps

Les caracteres (selon Para-celse sont les compositions & syrops des esprits.

visibles, & les parolles sont des corps inuisibles, & soit que les herbes ou les parolles guerissent, c'est par vne vertu naturelle prouenuë
de Dieu, ou de l'esprit de Dieu ioinct auec la
nature par sa parolle *Fiat*, quiconque sera curieux de voir les cures caracteristiques (lesquelles par parolles prononcées, escrites, ou
grauées, penduës au col, font leurs operations,
moyennãt les proprietez celestes, ou influences syderiques) il faut qu'il lise *Rogerius Bac-
chon de mirabili potestate artis & naturæ.*

L'homme ne vist pas du pain seulemét &c. Matth. 4. sect.4. Deut.8. chap. 3. Luc 4. sect. 4. Luc 11. sect. 14.

Par les medecins auec la parolle creée ou bié
par sa misericorde incarnée, veu que toutes
choses se font par la vertu & efficace de la parolle du tripl'vn, ou seul Verbe cõseruant tout
ce qui a estre, tout ainsi comme nous auons
veu

veu aux miracles de noſtre Sauueur, gueriſ-
ſant le muet & ſourd, auquel toutes les herbes, pillules & ſyrops du môde n'euſſent donné aucun ſoulagement ; en ce miracle, diſ-ie,
Dieu ne ſe ſeruit point de la nature , ains de
ſa ſeule parolle , c'eſt à dire par ſoy-meſme,
& ceſte parolle , c'eſt à dire la miſericorde
increée de Dieu , n'eſt autre que celle-là par
laquelle tout a eſté creé , & de laquelle tous
les ſimples prouiennent operant (outre cela)
tous les iours auec le Pere en toutes choſes:
car toutes les facultez operatrices & virtuel-
les des creatures, tant du grand que du petit
monde, ne peuuent auoir eſté puiſées en autre part, qu'en ce grand abyſme ineſpuiſable
de Dieu, ou de ce lien incarné de l'eſprit rem-
pliſſant toutes choſes, pour en faire vn tout;
à raiſon dequoy la plenitude de tout le môde
n'eſt qu'vne, appellée à bon droict plenitude:
car il eſt tres-certain qu'il ne ſe fait rien hors
de Dieu, puis qu'en Dieu toutes choſes ſe
meuuent, viuent, & ſubſiſtent ; ceſte parolle
ou Verbe de Dieu, la premiere engendrée de
toutes creatures, eſt noſtre vray pain quoti-
dien (lequel noſtre Sauueur nous a enſeigné
& cômandé de demander) la mumie ſuperce-
leſte, & le baulme ſurnaturel, beaucoup plus
puiſſant que la mumie humaine, ou baulme
naturel, deſquels les mortels ſont ſuſtentez,
& de fait la vertu au pain, n'eſt autre choſe
que la benediction de Dieu, voire Dieu meſme ; le Verbe aux viandes terreſtres, eſt le
vray pain dôné tant aux bons qu'aux mauuais:

A bon droict
la grace ſur-
paſſe la natu-
re & le ſigne.
Ioan. 1. ſect. 3.

Eccleſ. 24.
ſect. 8. 9. 10.

Ceſte benedi-
ction eſtant
oſtée, le baſtô
du pain eſt rô-
pu, tout ainſi
que Dieu en a
menacé ſon
peuple par ſes
prophetes.

Par la pure
miſericorde &
bonté diuine,
non par la iu-
ſtice, nous
auons deux
ſortes de
pain, ſçauoir
le pain ele-
mentaire, &
le pain de
ſanté.

car

si Dieu ne di-
soit au mala-
de sois sain,
iamais il ne le
feroit. Ioan. 1.
sect. 10. Hebr.
11. sect. 3.
Pseaume 107.
sect. 20. Deut.
e2. sect. 47.

L'explication
du commun
dire, est qu'il
y a de grandes
vertus aux
herbes pier-
res, & parol
les.

car l'hôme ne vist pas tant seulement du pain,
ains de ce qui est au pain ; de mesme la viande & la vie ne sont pas de la terre, mais de
Dieu par sa parolle : que si la parolle n'estoit,
ou que le pain fut tant seulemét pain de soy,
il s'ensuiuroit que la terre seroit nostre Dieu :
mais ja cela n'aduienne, de dire qu'il soit de
la terre, ains de Dieu par sa parolle ; donc
ceste parolle est la vraye medecine guerissant
tout, elle n'a pas esté cogneuë de tous, aussi
n'est-il pas permis à ceux lesquels roulent encore dans la poussiere scholastique de la gou-
ster, ny d'en escrire. L'vnique Paracelse
(Θεῖα φράζων, parlant diuinement, comme
vray disciple du grand Moyse, & de la Philosophie viuante) a escrit des secrets de la nature, & des miracles de Dieu, c'est à dire de
la maniere de treuuer le Verbe de Dieu incarné aux creatures, lequel est la vraye medecine & seul baston de nostre vie : car par ceste
parolle *Fiat*, ont esté creez la semence de tout
le monde, le ciel & la terre, & ceste mesme
parolle est admirable en toute sorte de creatures ; d'autant qu'elles luy sont sujettes, comme à leur propre ame ; donc toutes les operations naturelles des medecins, lesquelles sont
faites successiuemét par la faueur des herbes,
peuuent estre faites par le magicié ou medecin celeste, beaucoup plus valeureusement, &
plustost auec les caracteres & pierres, c'est à
sçauoir par le signe terrestre de la côjonction
ou mariage des influences, ou par l'astralle
combinaison des choses superieures aux in-

ferieures

ferieures: car la mutuelle colligation ou continuité de la nature eſt lors que la vertu ſupe-
rieure coule aux inferieures par vne continue
diſpoſition du deſpartement qu'elle fait de ſes
rayons iuſques à la derniere, de la meſme façon
qu'vne corde bien tendue. Et au contraire, lors
que les inferieures paruiennent de degré en
degré iuſques à leurs ſuperieures, parce qu'il
y a vne vertu operatrice, & vne participation
des eſpeces, laquelle s'eſpand par toutes les autres, auſſi ſe peut-il appeller le mariage diuin;
car de là l'on tire vne admirable colligation,
continuité, influence, & ſympathie, & par
le moyen de ce mariage du monde l'on
peut faire beaucoup des choſes en la magie,
ou caballe. Et le vray Cabaliſte (lequel Paracelſe appelle naturel, diuin, & eſgal aux Prophetes, l'ame duquel vnie, & miſe en droicte li-
gne auec Dieu fait tout ce qu'elle veut, auſſi
ne recherche-elle rien que la volonté de Dieu)
opere diuinement à l'inſtant au deſſus de la
nature, par la fermeté de ſon aſſeurance, &
merueille de ſa foy, vraye porte des miracles
fauoriſé du ſainct, & diuin nom de I E S V S,
auquel toutes choſes ſont contenuës & recapi-
tulees, c'eſt à dire, en cet admirable nom,
pourueu que les prieres ſoyent faictes auec
eſprit & verité. La renaiſſance eſt le vray
champ de la medecine celeſte, laquelle ſans
aucun milieu externe guerit par vne ſeule parolle, & ceſte operation arriue de la part de
Dieu comme ouurier, & de l'homme comme

*Toute creatu-
re craint, &
porte reueré-
ce à celuy qui
l'a faicte.*

G   inſtru

instrument : il est asseuré que toutes les creatures portent obeissance aux hommes lesquels
reuestus d'vne simplicité colombine sont Do-
cteurs en la loy de Dieu ; ce sont aussi ceux-la
Lis au liure
des Roys. lesquels (selon le tesmoignage d'Helie, & Eli-
sée) obtiennent tout ce qu'ils demandent à
Dieu par les prieres, c'est à dire ; en deman-
dant, cherchant, ou frappant à la porte, accompagnez néantmoins tousiours de la foy,
nous impetrons tout ce que nous desirons, &
cecy est la fidelle oraison laquelle nous ouure
le droict chemin pour arriuer à la perfection
de la science des choses tant diuines qu'humaines : car en ces trois poincts principaux con-
Ses Roys 3.
Sect. 12.
Sapience 7. siste tout le fondement de l'art magique, & ca-
balastique, comme nous pouuons voir chez
Paracelse, au liure troisiesme de la signature
des choses. A raison dequoy c'est au seul Crea-
Nous sommes
obligés à Dieu
de la santé du
corps, & non
aux Medecins. teur qui opere tout en tout auquel est deuë la
louënge, gloire, & honneur pour l'acquisition
de la fin desirée de son medicament, ou parol-
Vous Mes-
sieurs les Me-
decins qui à
la façon des
Payens Ethni-
ques, sans a-
uoir con ulte
auec Dieu, le-
quel seul gue-
rit les lan-
gueurs, ne-
gligeãs le ter-
me predesti-
né de la volõ-
té dinine,
par vne arro
gance teme-
raire promet
tez, & deffinis. le exhibée, toutefois la recompense est deuë
au Medecin ministre de Dieu, & de la nature,
parce qu'il a fidellement, & charitablement
administré les remedes desquels Dieu luy a
donné cognoissance, aux pauures malades languissans ; il ne doit pas néantmoins vsurper
l'honneur qui n'est deu qu'à Dieu, d'autant
qu'il n'a rien fourny du sien que la legitime
administration de l'art, quant à Dieu il est seul
louable, & doit estre benist sur toutes choses,
il ne faut pas penser qu'il donne à vn autre
l'honneur qui n'est deu qu'à luy mesme, d'autant

tant que c'eſt luy qui l'a tout donné; voila pourquoy il eſt raiſonnable qu'il le retire tout à ſoy: toutesfois ſelon le commandement de la ſaincte Eſcripture le Medecin veritable, & craignant Dieu, merite d'eſtre honnoré.

Premierement, par ce que Dieu (quoy que le Medecin dorme, & repoſe) ne laiſſe pas d'operer par luy comme ſon miniſtre, & mettre en execution ſa volonté, fourniſſant de medicamens en terre, & ſa parole du Ciel, parole, dis-je, ſans laquelle les medicamens n'ont aucune efficace, comme le teſmoigne fort bien le Sauueur, lors qu'il dict que ſans luy il eſt impoſſible que nous faſſions aucune choſe.

Secondement, parce que pour la cure des infirmes (ſi à la verité nous voulons admettre la ſanté pour vn tres-grand, ou ſupreſme bien des hommes) le Medecin deuoit preceder tous les mortels en l'inueſtigation, & recherche de la lumiere naturelle, à raiſon dequoy Homere commande que le Medecin ſoit ὀπιϛάμϸϖν ᷔ πάντον, c'eſt à dire, tel qu'il ſçache quelque choſe de tout, ou pour mieux dire plein de toute cognoiſſance.

Tiercement, parce que le ſeul Medecin manifeſte à tous les œuures admirables de Dieu, tant au grand qu'au petit monde, tellement que non ſeulement par les ſecrets, & myſteres deſcouuerts, voire encor par la cure & reſtitution de ſanté aux malades, la gloire & loüange de Dieu eſt grandement exaltée; c'eſt pourquoy la medecine eſt la plus excellente de toutes les autres ſciences & facultez,

ſez le temps auec aſſeurance, remarquez que c'eſt à Dieu ſeul auquel il faut commettre la ſanté, d'autant qu'il luy eſt permis de diſpoſer du téps ſelon ſon bon plaiſir.

I.

II.

III.

G 2   d'autant

d'autant que les merueilles de Dieu se voyent
miraculeusement en la medecine, laquelle
ayant prins son commencement de la Theologie, ou lumiere de grace, va ioindre sa fin à
la lumiere de la nature.

I I I.

Comment ceste medecine couuerte d'escorce doit estre despoüillée, & deuëment preparée par le feu.

Le Medecin
perfectionne
les creatures
de Dieu par le
benefice du
feu.

TOutes choses ont esté creées parfaictement, quant à la matiere premiere, toutesfois le Chymique paracheue, & donne la
perfection à la derniere matiere par le benefice
de Vulcan, d'autant qu'en ce bas monde il n'y
a rien qui ne soit suiect à la generation & corruption, estant de soy, & par soy parsemé de
venin selon l'essence & medecine : en toutes
les grandes œuures de Dieu où il y a du mal, il
y a aussi du remede ; où il y a du venin, il y a de
la vertu ; c'est pourquoy il faut asseurément
conclurre qu'il n'y a rien qui aye esté creé en
vain, & que toutes choses sont propres pour
quelque vsage particulier : car la nature a esté
si preuoyante qu'elle a voulu côioindre le bon
& le mauuais, à fin de nous mettre tousiours
Dieu en memoire, & c'est en toutes les choses
produictes des Elemens sublunaires : car (comme dit Firmianus) incontinent le tout-puissant doüa de vertu l'homme, & luy donna à
l'instant

Sirac. 39.
Sect. 26.

l'inftant vn aduerfaire, à fin que fa vertu ne
demeuraft oyfiue, & perdit fa nature, tellement que le Poëte dit qu'il n'y a rien qui foit
heureux de tous coftez, ou pour mieux dire
totallement, à fin que l'hôme participant de la
nature diuine, & maiftre de tout le refte des
animaux, endure fes Manes, accompagné des
furies qui le doiuent agiter. *Rogerius Bachon*,
Philofophe Anglois, dit que lors que Dieu
faifoit la lumiere, & les tenebres voulut par
fa grande, & infinie mifericorde faire la medecine, à laquelle fa iuftice voulut conioindre le
venin comme compagne afleurée, & infaillible, ne plus ne moins que les efpines des rofes;
& de fait on ne fçauroit point cognoiftre le
bien fans le mal ; d'autant que l'aduerfaire
eftant cogneu, le danger n'eft pas fi eminent,
veu qu'il eft facile à euiter : en cefte façon le
facré Hermes ancien Theologien, efcrit auec
l'Ecclefiafte que les chofes fublunaires doiuent
paroiftre par vne contrapofition, & contrarieté, & qu'à caufe de la generation, & corruption des chofes il eft impoffible qu'il foit autrement : car tout ce qui n'a point de contraire à craindre, agit contre les loix, fi bien que
l'homme ne fçauroit arriuer au fefte fi de fa
main propre il ne fe pouffe à fon falut : car
Dieu par fa fageffe a ordonné que l'antipathie
foit auffi bonne que la fympathie, par lequel
fpectacle la nature a voulu folliciter les mortels à la recherche, & contemplation de fes fecrets, à fin que fi l'vn donne horreur à l'autre,
l'enuie puiffe donner ordre, & medeciner les

La iuftice de
Dieu eft la
maladie en
toutes chofes,
comme au cô-
traire la mife-
ricorde eft la
nature le me-
decine en tou-
tes chofes
auffi.
Sapience 8
fect. 15. 16.
Siracid 39.
fect. 36.
Ecclefiaft. 33.
fect. 2, 16.

Ecclef. 3. fect.
14. 7. fect 15.
Siracid 42.
fect. 5.
La caufe de la
fympathie, &
antipathie.

deffauts

deffauts de fon enuieux ; c'eft pourquoy Hera-
clite, & Homere, difent que la nature a prins
fon origine de la guerre, & contention; l'homme eft ennemy de foy-mefme, & la caufe de
la mort, & diffolution n'eft autre que noftre
Royaume, ou monde mortel, diuifé en foy-
mefme par vn dueil, & guerre inteftine, que
fi au corps microcofmique vne luitte, & com-
bat perpetuel font cachez, ce n'eft qu'à caufe
de la conjonction des contraires ; & de fait
c'eft en cefte façon que le conferuateur, & de-
ftructeur de la fanté font cachez, & celle-cy
eft la raifon pourquoy les faincts perfonnages
ont appellé le corps microcofmique, & mortel,
Purgatoire, & Enfer, aufquels il ne faut iamais
eftre en repos, auffi l'anatomie de la mort
treuue & prend fon logis en la republique de
la vie : car la nature commande aux Medecins
d'eftre miniftres, ou feparateurs, & non pas
maiftres & compofiteurs ; d'autant que les remedes demandent les preparations, feparations, & exaltations, auant qu'ils puiffent faire
montre de leurs vertus conjoinctes, & occultes : mais tout ainfi comme toutes chofes font
efprouuées par le feu, de mefme auffi l'examen
de la fcience de medecine doit paffer par le
feu, d'autant que la medecine, & chymie, ne
peuuent point eftre feparées l'vne de l'autre:
car la chymie (i'entens la vraye chymie, & non
pas celle de laquelle les impofteurs fe feruent
pour leurs blanchiffements, ou rubefactions)
fepare non feulement les chofes vrayes, fimples, les fecrets, les merueilles, les myftéres,
les

les vertus ; & forces concernans la santé ; ains
encore à l'imitation du ventriculle archée, chymique, & naturel, enseigne à separer quel mystere que ce soit en son reseruoir; voire mesme
les medicamens de leur couuertes impures &
mauuaises par vne deuë separation, à fin que
ceste simple & crystalline, matiere, ou nature
simple soit exhibée aux corps ; toutesfois c'est
là le poinct de la desliurer de sa captiuité &
prison, prouince & exercice tres-digne, auquel
les medecins doiuent consommer leur aage:
car à la verité sans la Philosophie chymique la
medecine est morte, & sans pouuoir; & de fait
hors de la cognoissance chymique, la theorie
est aussi vaine que la practique en fait de medecine; aussi c'est en vain de chercher le lieu,
& cause de la maladie si l'on refuse la difficulté spagyrique : doncques en ce fait il se faut
prendre garde à ne point imiter nos vulgaires
Medecins, lesquels cherchent des sauuegardes
de leur ignorance, par le labeur & veilles des
autres, donnans la preparation de leurs medicamens entre les mains des Pharmaciens, pour
l'ordinaire auares & rapins : (toutesfois ie ne
parle pas icy de ceux qui craignans Dieu se
portent au deuoir de la raison, sans blasonner
aucunement la Chymie :) car par ceste artificielle resolution des corps, les proprietez nous
viennent deuant les yeux à souhait, ie dis des
proprietez lesquelles nous estoient cachées à
cause de la composition ; d'auantage par ceste
mesme resolution comme par vne cynosure
artificielle voilée du Chymique, plusieurs ont

atteint

atteint le but, & perfection des sciences les
plus occultes, non seulement de la nature, ains
encor de toutes les creatures auec l'admiration, & estonnement de tout le monde, toutesfois ce n'est pas sans cause. Doncques il faut
que le sage Medecin soit exercé en ceste vitale anatomie, ou (pour mieux dire) vraye separation du corps, ainsi que nous auons desia dit
cy-deuant; d'autant qu'il n'y a aucune proprieté constante en quel corps que ce soit,
qu'elle ne soit descouuerte par le moyen du
sel du mercure, ou du soulphre des mesmes
corps : car premierement il faut prendre garde

Par les vege-
tans l'on en-
tend les plan-
tes, arbres,
zoophytes, a-
nimaux, &
brutes, par or
dre, comme
rampans, na-
geans, volans,
& le reste de
quatre pieds.

de separer en trois ordres tous les corps de ce
globe inferieur, sçauoir en mineraux, vegetans,
& animaux ; d'ailleurs les indiuidus, ou parties
indiuidues, doiuent estre rigoureusement exa-
minées ; d'autant que c'est par ce seul moyen
que nous faisons rencontre en chasque ordre
des proprietez admirables des trois principes:
car dans la boutique des choses (s'il est permis
d'ainsi parler) se treuue le sel animal, vegetant,
& mineral ; le soulphre animal vegetant &
mineral, aussi bien que le mercure, parce que
la premiere face de toutes choses a esté creée
pure, entiere, parfaicte, & exempte de corruption, & de mort : car ce grand protoplaste, &
supreme architecte voulant mettre au iour ce
tableau miraculeux de tout ce qui a esté, la
creé parfait & bon, à fin qu'il fut glorifié par
ses creatures destinées à viure sainctement, &
sans aucun diuorce, selon l'ordre que desiors
leur fut prescrit, & ordonné par la puissance
diuine;

diuine ; au commencement l'homme fut creé
au plus haut periode de santé (aussi l'on n'attribue pas le principe de la maladie à l'homme,
ains à la femme)mais tout aussi tost que l'homme fit son entrée au monde, il ouurit la porte
à la mort par l'apparition des deux contraires,
sçauoir l'externe corruptible , & l'interne incorruptible , si bien que ces deux estans mis
ensemble, il fut impossible qu'ils demeurassent
long-téps en vn mesme sujet : doncques apres
la preuarication & deffection de l'vnité à l'alteration par vne malediction diuine arriuerent
en mesme téps des nouuelles teintures (ἰλιὰς ϯ
κακῶν) sçauoir vne grande suitte de mal-heurs

Siracid. chap.
38. sect. 15.

par le meslange , desquels la beauté de toutes
les creatures a esté sujette s'il semble à la misere du sort, si bien que l'impureté se voulut
conjoindre auec les racines pures,& c'est là où
la maladie a prins son origine : car les racines
des maladies ne consistent pas en certains indiuidus ou especes indiuidues exterieures, ains
aux pures & premieres semences incorporées
& meslées auec les choses mesmes ; quant aux
nutriments des choses naturelles ils sont les
fruicts des semences florissans aux quatre matrices ou elements : donc la nature ne nous a
donné aucune chose icy bas, laquelle estant
comme elle est (c'est à dire auec sa composition.) puisse estre appellée pure & nette, d'autant, qu'elle a fait vn meslange d'vne infinité
d'impuretez, affin que dés nostre enfance elle
nous peut exciter à l'acquisition de ceste science Chymique ; d'autant qu'estant bannis du

La transplan-
tation des
creatures a
esté par cala-
mité & arri
uée des mala-
dies.

Apres la def-
faillance,tant
à raison de la
creation, que
de la propa-
gation , enne-
my tel qui
cause la mort
par sa natu-
relle contra-
rieté.

Celuy qui ap-
prend la co-
gnoissance de
Dieu & de soy
mesme se peut
vanter d'a-
uoir bien cul-
tiué la terre.

Paradis

Les hommes declinent de leur perfectiō & se rendent semblables aux brutes par la trop grande liberté.

L'oysiueté est chassée par le moyen du labeur

L'oysiueté est le bassin de satban.

Paradis en ce mortel seiour, il falloit que nous eussions en reuerence la terre, c'est à dire ceste grande & vaste machine par la recherche, cognoissance, & admiration de l'vn & de l'autre monde, tant visible qu'inuisible ; & pour la preparation ou appareil de nos viures, & autres semblables, soit pour la sustentation de ceste presente vie, laquelle nous est comme vn vray ouurier de la nature ; donc il falloit que nous prinssions peine, non pas en apparence, ains reellement, & par la sueur de nostre corps, ou pour l'acquisition des fruicts de la sagesse tant terrestre que celeste, ayans le col plié sous le ioug d'vne croix autant aggreable que volontaire ; aussi c'est le vray moyen pour ne point se veautrer dans le salle bourbier du vice, lequel n'est iamais rencontré, si ce n'est par l'assistance de l'oysiueté, vray principe & origine de toutes les impures salletez, voila la vraye & asseurée fin de la creation de l'homme, lequel conduict par la crainte & amour de son Dieu cultiue son champ, affin de recouurer ce qu'il a perdu par le passé, ioyeux neantmoins de ne point perdre son temps en oysiueté sans se desuoyer seulement d'vn pas de la volonté de son Createur, celuy-là, dis-je, guidé par vne certaine lumiere naturelle se fait instrument, habitation & tabernacle du Tout-puissant. Le Psalmiste nous asseure que le vray moyen pour éuiter les mauuaises pensées est de marcher incessamment dans les sacrez sentiers, que nostre pere celeste nous a tracez ; c'est à dire en ses œuures par la consideration & obseruation
des

des choſes tant infinies que ſupreſmes, recher-
chant les miracles par la faueur de la lumiere
naturelle, & manifeſtant les ſecrets du Ciel,
celebrant & admirant la ſageſſe, puiſſance, &
bonté infinie du ſouuerain Createur, laquelle
ne fault iamais aux mortels, ſoit qu'ils ayent
enuie de profonder les merueilles & myſteres
incomprehenſibles de la diuinité, ou l'eſclair-
ciſſement des prodiges miraculeux : mais laiſ-
ſons à part ces aliments pour retourner à nos
medicaments cheris de tous ceux, leſquels ſont
d'vn iugement ſain & raſſis (s'ils ne ſe veulent
gouuerner à la façon de nos premiers parents,
leſquels ne prenoient pas ſeulement la peine
d'oſter l'eſcorce pour manger les glands) mais
parlant de nos medicaments, i'entends ceux
qui ſont faits par ſeparation, d'autant que par
ceſt art l'on ſepare le bon du mauuais, l'vtile
de l'inutile, les cendres du feu, l'eſprit mineral de la matiere, les parties homogenées des
heterogenées, les venins de la medecine &
baulſme ſalutaire, la lumiere des tenebres, la
vie de la mort, le iour de la nuict, le viſible de
l'inuiſible, le pur, le celeſte, le noyau, & mouel-
le du terreſtre, de l'impur, de l'eſcorce, des
membranes, coquilles, enueloppements, caillous & feces, vrays domicilles & veſtements
des medicaments contraires au corps humain,
de l'ame habitante par le miniſtere de la ſuper-
elemetaire, la quinteſſence couenable au baulſme interne de noſtre corps, vraye amie correſ-
pondance, laquelle nous enſeigne l'art de ſeparation, affin que ceſtedicte eſſence viuifiante

Les ſeules pu-
rificatios ſont
les vrays cor-
rigeants de
toute ſorte
de remedes.
Tout ne plus
ne moins que
la mort ſepa-
re les choſes
eternelles &
caduques, de
meſme auſſi
Vulcan ſepare
le bon du mau
uais & la quin
teſſence du
corps.
Sirac. 39. ſec:
39. 49.

soit

soit cogneuë & cueillie, les facultez de laquelle (apres la folution des liens) s'efleuent plus
haut, & fe font recognoiftre plus promptement
par la manifeftation de leurs forces plus viues
qu'auparauant, & de fait il n'y a aucun venin,
lequel n'aye fon baulme ou antidote corref-
pondant à la nature humaine, fi bien que tous
les animaux venimeux portent quant & eux le
remede côtraire à leur venin, bon neantmoins
en fon genre, d'où vient que fouuent ce qui eft
venin aux hommes, eft vn familier aliment
aux autres animaux, comme nous voyons des
araignes, lefquelles font proffitables aux pou-
les & aux moineaux; les crapauts aux ferpents,
les ferpents aux cerfs & aux cigoignes : mais
auffi c'eft affeuré que ces formes extraictes des
medicaments operent auec plus de vigueur que
non pas quand elles font encore enfeuelies
dans leur matiere, laquelle empefche la puiffance operatrice du fecret, voire l'ame ou forme fpecifique de chafque chofe furpaffe les forces & vertus de la matiere ou corps, tant en
nombre qu'en excellence & de fait perfonne
ne doubte que chafque chofe ne prenne fon
eftre de la forme, & d'autant plus l'eftre fe
prend de la forme, d'autant plus fe prend il de
l'entité ; ce que les Chymiques contraincts par
leur propre confcience ont librement aduoüé;
d'autant que de là s'enfuiuent des grandes in-

Les raifons
pourquoy la
medecine
fpagyrique
preparee
deuëmēt doit

commoditez. Premierement, en ce que les malades n'ont pas tant de repugnance à prendre
vne petite quantité, veu mefmes que fouuent
on remonftre des naturels fi difficiles qu'ils ay-
meroient

meroient mieux cent fois la mort , que d'aual-
ler ces grands verres de potiós craffes & trou-
bles plus propres à corrompre les complexions
du corps humain, que de les moderer : toutesfois ie ne m'eftonne pas fi des malades les refu-
fent, veu mefmes que les medecins en ont horreur en les ordonnant , outre que quiconque
diroit à vn Apothicaire de les prendre foy-
mefme , il les efpancheroit pluftoft à la ruë.
Secondement , en ce que le ventricule n'eft iamais offensé par leur vfage, voire mefme par la
reiteration, n'y ayant aucun obftacle par lequel
elles foient empefchées de mieux faire leur deuoir : la raifon eft , qu'eftant feparées dans le
ventricule par vne certaine force naturelle, elles font pluftoft portées dans les conduits plus
cogneus , fi bien qu'elles agiffent auec plus de
celerité au corps , & par mefme moyen font
receuës plus viftement par le mefme corps , &
par ainfi leurs parties afpres & terreftres adhe-
rantes aux internes , ne peuuent vlcerer , ny
moins encor rendre malades ceux lefquels en
vfent fouuent. Tiercement , que par le moyen
de ces effences, toutes les qualitez inuifibles (fi
à la premiere preparation elles ne fe peuuent
totallement ofter) par le meflange des autres tres-exquifes font chaffées, & expulfées
auec plus de facilité ; Et (ce que nous ne
pouuons aucunement nier) c'eft art fpagyrique
eft tellement neceffaire , que les medecins ne
fçauroient eftre fans iceluy, fi ce n'eft auec vn
grand dommage : car en vne mefme chofe fimple fouuétesfois les fubftances font diffembla-
bles,

eftre preferé
aux cumpofi-
tions des bou-
tiques ordi-
naires.

bles, voire qui pis eft, ont des proprietez tout
à fait contraires, l'vne defquelles fera falubre,
& par mal-heur les autres malignes & nuifibles, comme il appert à l'opium, & au miel,
defquels elles ne peuuent iamais eftre cognuës
fans la feparation des fubftances, laquelle fe
fait par le moyen de l'art fpagyrique; les Galeniftes mefmes par le moyen dudit art font leurs
plus grandes merueilles, affeurans que tout ce
qui eft amer, eft chaud par confequent, quoy
que l'opium tres-amer aye la vertu d'affoupir,
les rofes & cichorées, encor quoy qu'ameres
font neantmoins refrigeratiues ; quant à ce
nœud il doit eftre coupé par le couteau anato-
mique, c'eft à dire le feu, & par ainfi ayant fait
la feparation des fubftances nous cognoiftrons
le temperament des fimples & treuuerons au
mefme opium le foulphre doux narcotique, le
fel amer chaud, efmouuant à fueur par vne fubtile refolution fans aucune vertu ftupefactiue,
ou pour mieux dire affoupiffante, & ce qu'à
bon droict doit eftre plus admiré (felon que
les experts medecins ont recogneu, lefquels

Le venin re-
duit en fecret
n'eft plus ve-
nin, ains vne
medecine
tres-excellen-
te, de mefme
les planettes
terreftres font
defliurées de
leur lepre, &
les mauuaifes
odeurs par la
digeftion font
renduës tres-
fuaues.

du mal en fçauent fort bien tirer le bien & vtilité) c'eft que les venins metalliques quoy que
tres-pernicieux font corrigez par la faueur de
c'eft art, auquel le feu eft le principal inftrument, fi bien qu'ils peuuent eftre exhibez auec
toute affeurance au corps humain, comme il
fe void à l'arfenic exemple de la plus effrenée
malignité, lequel neantmoins rendu fixe par le
fel-petre fous la tutelle de Vulcan, n'eft aucunement à craindre : car les mineraux, (les efprits

prits defquels furpaffent les noftres en fubtili-
té) ny les pierres precieufes ne doiuent point
eftre bannies du nombre des medicaments ; ie
dis qu'ils ne doiuét point eftre exclus du nombre des medicaments, parce qu'eftans deuémét
preparées, ont beaucoup plus d'efficace pour la
guerifon des maladies, que non pas les vegetás;
la raifon premiere eft parce que ces vertus fortes & grandes ne peuuent eftre imprimées ny
retenuës par lefdits vegetans à caufe de la mol-
leffe de leur matiere ; que fi ces vertus y font
imprimées, du moins elles ny peuuent eftre retenuës, comme i'ay defia dit ; à caufe de leur
tendreffe, outre qu'il feroit impoffible que les
vegetans fujets à la corruption , peuffent empefcher le corps humain de corruption , comme font les efprits des metaux parfaicts, lefquels brauent & font tefte à la corruption.
    Secondement, il eft tres-certain que les mi-
néraux & metaux imparfaicts font doüez des
admirables vertus medecinalles , comme l'on
void fort bien aux medicaments chyrurgiques,
lefquels font prefque tous compofez auec les
metaux oü mineraux imparfaicts ; que fi les
imparfaicts font tels , il faut conclurre que les
parfaicts ont receu de plus grandes & admirables vertus du ciel.
    Tiercement, que la nature, quoy que defi-
reufe d'engendrer des plantes & animaux propres, non feulement à vne action determinée,
ains à plufieurs & diuerfes fonctions, n'a pas
eu la licence de meflanger ces corps en façon
que les vertus admirables s'en enfuiuiffent, ad-

mettans

mettans la nature solide du baulme.

En quatriefme lieu, que la generation des pierres ne peut eftre acheuée qu'auec vn long interualle de temps contraire à celle des corps parfaicts, laquelle n'admet pas vn fi long efpace: donc la nature fauorifée d'vn plus long interualle de temps, a plus eu de loifir d'orner les pierres precieufes & autres corps metalliques de plus excellentes facultez, n'eftans cefdits corps empefchez par la varieté des offices des fenfibles & mobiles, ioinct que les pierres precieufes font à bon droict plus recommandables que les autres, à caufe de leur grande temperature & fplendeur, comme au grenat de Boheme, la fplendeur duquel ne peut eftre domptée par l'ardeur du feu tant foit elle vehemente: mais peut-eftre quelqu'vn me demandera d'où cela: auquel il eft facile de refpondre, cela ne prouenant que de 'a fixation des efprits remarquée en iceluy; c'eft pourquoy (quant à la cure des maladies) il eft exhibé en place de l'or, de mefme que le rubis Oriental foûftenant à grād peine autant d'heures l'examen du feu que l'autre des mois; donc le grenat merite mieux d'eftre mis en vfage de medecine que le rubis: toutesfois ie defire que cecy foit remarqué en paffant; c'eft que les pierres precieufes tirent leur couleur, forme, & teinture des metaux par la formation des Aftres, felon l'intenfion ou remiffion de leur couleur: car elles ne font autre chofe que metaux tranfplantez, d'autant que les grenats & rubis ont la teinture de l'or, les faphirs & turquoifes

Les pierres precieufes font des eftoil les elementaires.

quoiſes de l'argent, les ſmaragdes & chryſoli-
tes du cuiure, les hyacinthes & topazes du fer,
& le diamant de l'eſtain ; quant au plomb il
fournit la conjonction & le poids, comme
nous voyons en ces fauſſes pierres faites auec
le mine & poudre de caillou blanc & tranſpa-
rant, meſlangés auec proportion. La forme metallique adiouſtée auparaduant auec l'ayde du
feu, & quoy que telles pierres ne cedent aucunement aux fines, tant en couleur qu'en
beauté : toutesfois leur falſification eſt recõ-
gnuë par les lapidaires en la peſanteur ou mõl-
leſſe : que ſi par hazard ſe rencontre quelqu'vn,
lequel par ſa ſimplicité croye l'vſage des metaux n'eſtre aucunement bon en faict de medecine, pour le moins en la vie ciuille (quoy qu'ils
ſoient auſſi bien fruicts des elements que les
animaux & vegetans) toutesfois ils n'ont pas
eſté creez pour la nourriture de l'homme, ains
ſeulement pour la medecine en faueur de
l'homme. De dire que les mineraux n'ayent
aucune concordance auec le corps humain,
ſemble y auoir de l'abſurdité, veu que l'homme eſt participant aux trois premiers ; or donc
que telles gens ſçachent que le ſperme animal
vegetable & mineral ont vne meſme origine, ſi
biẽ qu'ils ne ſont tant ſeulemẽt differents que
de la qualité du lieu & du receptacle : car les
principes animaux, vegetans, & mineraux ſont
ſans aucune difference, ſi ce n'eſt du coſté du
receptacle : car c'eſt autre choſe que principe
vegetant, & autre choſe, principe mineral,
quoy que l'vn & l'autre deſcendent d'vn meſ-

Lis le Manue l
de Theophra-
ſte.

Les mineraux
redonnent la
ſanté aux
hommes : car
lors que le
corps préd la
medecine du
monde par
ce qu'il eſt
monde, s'en-
ſuit que tout
mineral ap-
pliqué à ſon
mineral qui
eſt contenu
au corps phy-
ſique, allege
l'homme.

H   me

me genre principal & generalissime (sçauoir la semence generalle de toutes choses, ou pour mieux dire, le sujet de la premiere matiere, lequel doit estre diuisé apres en trois géres principaux , sçauoir en animal, vegetable, & mineral , duquel la sage nature prend le naturel du mercure pour en creer quel autre composé que ce soit. Voila pourquoy nous pourrons librement dire, que toutes choses sont deriuées d'vne mesme vnité & tendent à vn *in nocte Orphei & orco Hypocratis* , toutes choses ensemble ne sont qu'vne vnité , comme il est encor tesmoigné *in πανσπερμία Anaxagorica* , mal entenduë par Aristote ; mais apres que ceste vnique nature, essence & matiere de toutes choses vient à se produire (selon la volonté de Dieu, lequel est le vray specifique de toutes les creatures) elle s'affuble de beauconp & diuers corps , selon la disposition & diuersité du lieu ou receptacle, ou mesme selon l'agitation & operation de l'esprit vniuersel: car en ce lieu icy croistront les vegetans , en celuy-là les mineraux, & en vn autre les animaux; en sorte toutesfois que l'vn cede la place à l'autre & luy sert de nourriture, d'autant que cest ordre a esté prescrit à l'œconomie sublunaire, sçauoir que les mineraux fussent la pasture des vegetans , les vegetans des brutes, & les brutes des hommes; ce qui ne se pourroit faire , si la nature n'estoit la gradation d'affinité de l'vn & de l'autre iusques au premier genre duquel toutes choses sont procedées.

Donc toutes choses procedent d'vne mesme

Ainsi l'esprit de vie n'est qu'vn, espandu par tout le corps humain: toutesfois il est diuers selon la diuersité des parties ausquelles il est contenu.

Rom. 8. Voy l'Apocalypfe de Hermes & Paracelfe.

me fource, & apres leurs cours fans aucune vanité s'en retournent à leur lieu , affin de
jouyr d'vne beatitude conftante & immuable:
& de faict ceft efprit vniuerfel appellé felon
Agrippa Sujet de toute merueille , ou Ens qui
ne peut eftre compris d'aucun fens, donnant
le branfle à toute cefte grande maffe , fait
toutes les operations en toutes chofes & rem-
plit cefte vafte machine , c'eft le genie de Dieu
(s'il eft permis d'ainfi parler) qui tient & contient tout le monde en foy : Auicenne fauorifé
de l'authorité de Platon , des Arabes & des
Caldeens,a bonne raifon de l'appeller Ame du
monde diffufe & dilatée en toutes chofes:cela
foit neantmoins entendu hors de fuperftition
& culte d'idolatrie, parce que Dieu ne veut ceder à vn autre l'honneur qui n'eft deu qu'à luy
mefme ; la nature,dif-je,conjoignant les chofes
infinies & moyennes aux plus hautes par vn
certain accord harmonique, fait des chofes autant dignes d'eftonnement que d'admiration,
felon la diuerfité de fon fujet ou receptacle,
foit aux animaux, vegetans ou mineraux , tantoft en l'vne & tantoft en l'autre des troifdit-
tes familles , comme mefme nous auons veu
de noftre fiecle à l'enfant Sylefien, auquel cefte
fage mere nature auoit fait prefent d'vne dent
d'or à la machoire inferieure de cofté fenextre.
Ie le puis dire comme l'ayant veu à Prague en
la Cour du tres Illuftre Prince D. Pierre Vrfin
de Rofes: toutesfois ce prodige ou pluftoft
miracle de la nature n'apporte pas tant d'eftonnement & admiration aux philofophes herme-

L'ame du monde eft vne certaine vie vnique rem-pliffant, col-ligeant & at-tachant tou-tes chofes, à fin que des trois genres des creatures intellectuel-les, celeftes & corruptibles, il fe faffe vne feule machi-ne de tout le monde par la vertu qu'elle a des idées, & rend fecondes toutes chofes, tat naturelles qu'artificiel-les, influant en elles les proprietez que nous a-uons couftu-me d'appeller effence.

H 2   tiques

tiques curieux fcrutateurs des fecrets naturels,
lefquels ne veulent ignorer aucune chofe, excepté ce qui ne doit eftre recherché des hommes : la raifon pourquoy ils ne s'eftonnent pas
de ce jouët de nature, c'eft parce qu'ils font
affeurez, que le mefme efprit mineral qui produit l'or dans les entrailles de la terre, fe retreuue encor en l'homme, fi bien que ceft efprit en
l'or eft de mefme auec l'efprit generant de toutes les creatures, & eft la mefme & vnique nature generatiue diffufe & dilatée en toutes
chofes. Ceft efprit a prins maintenant vn corps
naturel : le premier mobile gouuerneur de la
nature eft en toutes chofes naturelles, cóferue
tout, par luy font toutes chofes, & regit tout
ce qui eft en ce bas element par vn certain harmonique concert. Le grand Albert efcrit, qu'en
fon temps on trouua de l'or dans la tefte de
quelques pendus : & au liure qu'il appelle *Mi-*
neraliũ, affeure que par tout l'or fe retreuue : car
(dit-il) il n'y a aucune chofe elementée fans les
quatre elements, à laquelle on ne defcouure naturellement l'or à fa derniere fubtilifation ; c'eft
pourquoy les philofophes affeurent, que la matiere de leurs myfteres eft par tout, & que par
confequent fe retreuue par tout : car cefte matiere eft en toutes chofes elementées ; or eft-il
que tout ce qui eft, eft elementé, la conclufion
n'eft pas difficile à tirer de là.

Outre cela, le mefme grand Albert preuue,
que la plus grande vertu minerale eft en chafque homme, & principallement en la tefte, &
entre les dents : & de faict il efcrit encor, que

de

La nature eft
l'image de
Dieu, le feu
inuifible ou
vigueur ig-
nealle, par
laquelles tou-
tes chofes
font augmen-
tées & multi-
pliées.

Souuent la
nature fe joue
de fa maiftri-
fe, de fon art,
& de fes for-
tes.

Au traitté de
mineralibus.

de son temps on trouua des grains d'or dans
les sepulchres d'aucuns morts : mais c'estoit entre les dents, ce qui ne pourroit aucunement
estre, si ceste vertu mineralle (laquelle est dans
l'Elixir des philosophes) n'estoit en l'homme.
Ainsi ce grand philosophe Chymique Morienes interrogé par le Roy Calid, touchant la
matiere de l'Elixir, respondit, c'est toy-mesme
qui es la matiere, & miniere de cest Elixir, ô
Roy. Ie ne sçay pas si ce docte Raymond Lulle
a debatu cela auec plus de soing ou diligence,
veu qu'il asseure, qu'il a tiré sa matiere d'vne
chose vile & de bas prix. *Riplæus in Portis*, fauorise l'opinion de l'vn & de l'autre, disant;
souuien toy, que l'homme est la plus noble des
creatures, auquel est la neutralle mercurialité
des eléméts proportionnez, ne paroissant point,
& toutesfois est produitte artificiellemét de sa
miniere. Supposons ce *Rhasis* à *Riplæus*, afin qu'il
ne soit totallement different de Lulle : Voicy
ce qu'il dit au liure de la Diuinité, sçache que
les choses par vn subtil artifice, sont tellement
attachées à la nature, que toutes choses sont
l'vne dans l'autre, du moins en puissance, quoy
qu'elles ne se voyent actuellement ; toutesfois
ie laisse ces discours ne seruant à autre chose,
que pour côtenter la curiosité. Ie pourrois bien
donner à tesmoing vn nombre presque infiny
de philosophes qui confirment cecy, non pas
auec des vulgaires arguments tirez de la superficie ; ains des plus profondes entrailles des
choses, cecy toutesfois soit dit en passant.

D'auantage l'vsage Chymique qui enseigne

Lulle a esté vn diuin & tres-consommé Philosophe, c'est pourquoy Paracelse l'a taxé mal à propos.

La matiere de la pierre est dite estre en toutes choses à raison du premier mouuant aux choses naturelles, lequel est appellé esprit vegetant, par le moyen duquel nostre matiere abonde plus en pierre qu'en autre chose ; cest esprit se treuue tant aux animaux, vegetans, que mineraux.

l'extraction, separation & subtilisation n'estoit pas en vsage du téps de Galien (car on ne pouuoit pas separer les escorces des noyaux) ie ne dis pas qu'il ne le desiraft auec passion, & de

Lib. 1. cap. 19.

faict ses parolles le demonstrent, lors qu'il dit, qu'il se soubmet à toute sorte de peril, s'il se peut treuuer quelque machine, laquelle puisse faire la separation des parties contraires, com-

Au laict se treuuent trois choses ; la premiere est celle matiere grossiere qu'o appelle sere ; la seconde le beurre ; la troisiesme le fourmage pris & coagule, quant à ce qui est terrestre audit laict, n'est rien que sel.

me au laict & vinaigre composés de chaud & froid : que s'il euft esté versé en l'art de distillation il fut bien venu au bout de son dessain. Ie ne veux pas pourtant conclurre, qu'il y aye eu du des-honneur pour Hypocrate ny pour Galien d'auoir ignoré la Chymie : car Dieu & la nature (laquelle est l'ordre des œuures diuines, obeïssant à ses commandements & puissance) ne font rien en vain, & ne defliurent pas toutes choses en mesme temps aux humains : toutesfois ils font leurs presents successiuement de siecle en siecle, & donnent ce qu'ils voyent estre plus necessaire selon le temps, d'où appert combien dissemblable a esté le iugement de plusieurs anciés, lesquels ayant appris qu'en estrange païs se treuuoit des personnes, lesquelles sçauoient quelque chose, à laquelle ils estoient aueugles, ils ne plaignoient pas leurs peines, & sans crainte du danger s'exposoient librement à la mercy des vagues, pour aller apprendre ce qu'ils ignoroient. Ie ne fais point de doute, que Galien n'eust fait grand estat de la science de Paracelse, s'ils se fussent rencontrez en vn mesme siecle, & ayant esté si auide d'apprendre comme il a esté, il n'eust pas desdaigné
le

le charbon, voire mefme il euft efté bien aife
de feruir quelques années Theophrafte , tant
pour apprendre la feparation des trois principes au vinaigre , que pour la preparation des
grands Magifteres & Elixirs , & fe fut librement foubmis à fouffler, lutter , & veiller pour
fon feruice ; en fin quelle condition n'euft-il
pas embraffé pour venir au but de cefte fi excellente fcience ? Ie croy qu'en defpit de l'enuie
& malice des triftes Phileraftes medecins il fe
fut rauallé iufques là , que d'eftre fon marmi-
ton ; des Phileraftes , dif-je , lefquels ayant à
peine mis le pied au fueil de la porte de la medecine fpagyrique , ignorans de la creation &
compofition de l'homme interne aftral ; aueugles aux efprits mechaniques des maladies,
n'ont point d'honte , (ayants comme l'on dit
paffe deuant le four du pafticier) de mefdire de
Paracelfe , l'honneur de l'Allemagne,vray cul-
teur des fciences tant diuines qu'humaines,
plus docte mille fois qu'eux-mefme , iufques à
dire qu'il eft vn ignorant , incapable de la philofophie, malicieux, qui ont voulu taxer la candeur de fa vie , & rendre les moufches des ele-
phants. L'on fçait bien qu'il n'y a perfonne en
ce monde qui foit exempt de quelque imperfection : c'eft pourquoy eux-mefmes fe coupent
la gorge de leur propre couteau, eftant hom-
més auffi bien que luy: donc le meilleur eft celuy qui eft le moins vicieux: car les autres font,
côme dit l'Euangile, ne voyans pas ce qui pend
au bout de leur robbe, & fouuent arriue qu'ils
taxent les autres des mefmes vices, aufquels ils

font

font enclins, & par ainfi ils oublient les pou-
tres de leurs yeux, pour regarder vne petite
paille à celuy de leurs freres.

A la mienne volonté que les ambitieux Medecins de ce temps là tafchans de fruftrer les
autres de l'honneur qui leur eft deu, portant
vn œil de bafilic dans le cœur contre Theophrafte, fans auoir prins garde à leurs deffauts,
peuffent voir ce beau Soleil leuant (ie le defire pour l'amour de celuy qui eft la fin de la
medecine, fçauoir Dieu, tres-bon, & tres-
grand, lequel nous deuons aymer de tout noftre cœur, & noftre prochain comme nous mefmes) & cela eftant, ie crois qu'ils l'euffent traicté plus doucement, & euffent plus mifericordieufement paffé fes imperfections humaines,
improuuées neantmoins de tous, voire plus
mifericordieufement encor que les Galeniftes,
lefquels fe mocquoient de l'efcole de Moyfe,
& de Iefus-Chrift; O que fi cela fut! ie fuis
certain qu'il euft plus clairement, & fidellement manifefté fes fecrets, qu'il auoit receu
du Ciel, à la pofterité, & traictant de leurs
preparations ne fe fut pas ferui de mots fi am-
bigus & difficiles comme il a fait; c'eft pourquoy auiourd'huy l'efcole fpagyrique n'auroit
pas occafion de declamer contre l'ingratitude
de quelques-vns de fon temps, fans lefquels on
treuueroit la verité des preparations dãs les efcrits Theophraftiques: d'où arriue qu'il fe treuue peu de gens qui ayent les vrayes preparations felon fon fens: car elles demandent, &
requierent les folutions, mortifications, coho-
bations

An fecond liure de la difference du poux.

Voy Paracelfe in Paragranzo.

bations, refufcitations philofophiques, & autres femblables, lefquelles fans la vraye phyfique, aftronomie, & Chymie, ne fçauroient eftre entendues d'aucun Medecin, ne pouuant eftre acheuées qu'auec vn long efpace de téps: mais à quoy penfe-ie? Ie croy que noftre miferable fiecle n'eft pas digne d'vne fi rare medecine: car Dieu par fon iufte iugement a couftume de priuer les hommes de fes merueilles, à caufe de leurs pechez: & de faict il femble qu'il y a de l'apparence, veu que nous fommes en vn fiecle fi miferable & peruerti, que les hommes mettant en paralelle le vice auec la vertu, le des-honneur auec l'honneur, & la verité auec la menfonge; auffi prefque tous les curieux en la recherche de la pierre chrifopeia, ou philofophale, negligent la deuë preparation des medicamés. La raifon eft,par ce qu'ils n'entendent pas fi bien la vraye philofophie de Paracelfe, moins encor ces grands liures de Theophrafte,citez *in labyrintho medicorum*,comme s'ils les auoyent diligemment veûs auant les preparations, & feparations des chofes naturelles: outre-ce ie voy plufieurs des Chymiques qui fe fourrent dans les Cours, lefquels par leur luxe font fruftrez de la verité des affaires de Cour, & deceuz par les vaines flateries des courtifans, ou par ce qu'ils negligent ces merueilles de Dieu, ou par ce qu'ils font inhabiles à ces admirables miracles du Ciel: comme i'en ay defia veu plufieurs, lefquels ayans bien commencé, ont fur le dernier reffort mal fini, à raifon dequoy ce diuin art de la fpagy-

Il faut que le Medecin foit aftronome, car autremét Paracelfe appelle fa medecine feduction & impofture,à raifon dequoy plufieurs font fubmergez dans les flots auec Icare. En la medecine y a quatre colomnes,fçauoir la Philofophie, l'alchymie, l'aftronomie, & la phyfique, qui eft la vertu, ou medecine.

rie est diffamé par le vulgaire (quoy que des
long-temps aye esté soupçonné d'incertitude,
& d'imposture) & demeure aneanti auec les
plus hautes sciences : côme incapable de donner du pain à son maistre, toutesfois il ne me
semble pas raisonnable de condamner vne chose laquelle est bonne de soy, pour les abus, &
impostures qu'on luy met sus : car quelle chose y a-il au monde, de laquelle si on en abuse,
ne tourne au des-honneur de celuy qui la fait?
mais les hômes sont venus à ce poinct, que tant
meilleure est la chose, tant mieux ils en abu-
sent; personne ne s'oseroit opposer aux Thra-
sons Atheniens, lesquels asseurent que la lumiere est les tenebres, & les tenebres lumiere;
d'autant qu'ils ont presque tout ce monde im-
monde pour deffenseur de leurs vaines vanitez : car pour le seur le monde ne cherche pas
la verité, ains son honneur propre, c'est pourquoy Dieu nous permet vn sens mauuais, à fin
qu'enuieusement nous-nous poursuiuions l'vn
l'autre, & soyons nous mesmes la cause de la
destruction de nostre regne : O fonteine de verité, & sagesse, regarde nos affaires, aussi bien
que le cœur de ceux lesquels par vn sainct desir
côbattent iour & nuict contre ceste immi-
nente metamorphose : mais le tres-haut leur
donnera leur fin à son temps : & i'espere cependant que Dieu suscitera bien-tost quelques
beaux esprits lesquels mettront au iour la verité des sciéces (si l'inuentiô des arts n'a encor
receu son dernier coup de pinceau) & desraci-
neront la zizanie des sciences, refutans les erreurs,

reurs, & deceptions des escoliers, non pas par
parolles, ains par effect, non par syllogismes,
ains par la chose mesme: car deslors que le parfaict sera venu au temps de la renouation, &
regeneration, il faudra necessairement que tout
ce qui sera imparfaict mette la teste au ioug de
la perfection: car là où est la superbe auec ses
tiltres & grades, il n'y a aucune humilité, aucune vie de Christ, ny aucun sainct Esprit, comme il appert manifestement à plusieurs lesquels
permettent, & donnent la domination du corps
à l'esprit syderique; cependant ie supplie la
diuine Majesté qu'elle enuoye son sainct Esprit
à tous les vrais amateurs de la verité, à fin que
les ayant retirez du gouffre des tenebres, ils
puissent estre illuminez, & retirez des contentions douteuses.

I V.

Par quelle vertu, & comment la mede-
cine agit au corps humain, &
chasse les maladies.

IL faut en ce lieu icy faire vne remarque
touchant ces deux axiomes si souuent debat-
tus parmi les escolles de medecine, sçauoir si
selon l'oracle d'Hypocrate, *contraria contrario-* Au liure de
rum, ou selon Paracelse, *similia similium*, sont *flatibus.*
remedes; toutesfois quoy qu'ils semblent estre
dissemblables, & contraires en apparence, ils
doiuent neantmoins estre admis en l'anatomie
naturelle:

naturelle : d'où arriue qu'en cas femblable
beaucoup de gens ne peuuent pas comprendre
le fens des Philofophes , par ce qu'ils ne prennent pas garde, que leur difcorde n'eft qu'en
apparence, fi le poinct de leur debat eft expliqué fainement & à propos : car qu'eft-il la medecine autre chofe,finon l'appofition de ce qui
faut, fçauoir des forces , & reftabliffement du
baulme , ou le retranchement de ce qui redon-
de , fçauoir des impuretez maladifues ; doncques
ques Paracelfe ne fait pas contre Hypocrate,
lors qu'il dit, que la viande à la faim, le boire à
la foif, l'euacuation à la repletion, la refection
au vuide, le repos au labeur , le labeur au repos , en fin que les contraires font remedes à
leurs contraires : mais bien à Galien,lequel ac-
commode la contrarieté Hypocratique à ces
nuës qualitez : car il rapporte les premieres, &
principales idées des cures aux refrigerations,
calefactions, humectations; & exficcations.

Les feules natures des remedes(comme nous
auons dit cy-deffus) ou felon Hypocrate δυνάμεις, font les medicatrices des maladies, defquelles le medecin n'eft que miniftre, & cefte
mefme nature, fçauoir noftre vie, & baulme,
ou mumie baulmée, deffendant noftre vie de
toute corruption par la mediatió de la liqueur
faline, c'eft à dire, du baulme inferieur forti , & mis du fuperieur aux inferieurs, cefte
mefme noftre nature, dis-je, (laquelle par
fois femble faire des miracles ayant en vain de-
mandé l'aide des Medecins, lefquels à leur des-
honneur, & au defaduantage de la medecine,
                                    guidez

guidez par leurs prognoftics, auoyent abãdon-
né le malade) eft foy-mefme fon Medecin, lequel ne demande rien du Medecin extrinfe-
que, finon l'inftauration; ou felon le vulgaire,
la fortification par le moyen du medicament
exterieur bié repurgé, & adapté à la partie pec-
cante, non par accident, ains par vne femblable nature; & par ce moyen le baulme mede-
cinal dóne fecours au baulme vital, ou radical,
& naturel, à caufe de leur fympathie cómune:
& de là il reprend fes forces ja debilitées, lefquelles recouurées il eft affez puiffant de foy-
mefme de chaffer tous fes ennemis, ne plus ne
moins qu'vn vray, & interne antidote, & c'eft
par le moyen des facultez vitales : car vouloir   La nature
guerir les corps malades, n'eft autre chofe que creée par les
l'efmotion d'vne guerre ciuile, & inteftine, à la femblables.
ruïne de la nature defia bleffée par vne mefme,
ou femblable guerre inteftine, adioufté que les
contraires ne fe reçoiuent pas mutuellement
l'vn l'autre : que s'ils ne fe reçoiuent pas mutuellement, ils ne peuuent pas agir l'vn à l'autre mutuellement, ny par confequent patir l'vn
de l'autre; donc là où l'action, & paffion n'eft
pas vraye, là auffi l'effect naturel ne peut eftre
vray : doncques les medicamens ne peuuent
pas eftre contraires au lieu affecté, ains lûy
doiuét correfpódre, quant à la nature externe,
à raifon de l'harmonie du macrocofme, & du
microcofme:toutesfois cefte nature externe du
medicament eft interne au lieu affecté, & c'eft
à fin que la nature interne de ceftuy-cy foit
confortée par l'abondance de la nature de celuy

luy-là ; à raison dequoy il est appellé microcosme, par ce que tout le monde conserue,
nourrit, & guerit l'homme : car pendant que
les fruicts de la terre, de l'air, du feu, & de l'eau,
sont malades, il faut qu'ils soyent restaurez par
les fruits du macrocosme, auec lesquels ils sym-
bolisent, & par ainsi la nature conforte, & aide sa nature : mais la nature estant confortée,
& aidée par la nature, elle a plus de force pour
chasser, & bannir son ennemi, veu mesme que
naturellement toute nature est conseruatrice
de soy-mesme ; & par ainsi nous auons la nature non seulement pour compagne, ains amie,
& fidelle adiutrice : car à la verité c'est elle
seule qui est l'asseurée medicatrice de toutes les
maladies (tesmoin Galien, *in lib. suo* 13. *method.*)
& le premier mobile de la curation, sans la
force, & vigueur duquel toute medecine est
inutile ; la nature conseruée en son temperament est son Medecin, & fait soy-mesme la
cure de ses infirmitez par le moyen de sa propre mumie, & lors que ceste nature interne
refuse d'estre sa medecine, les maladies sont
asseurément mortelles : car l'on sçait trop bien,
que naturellement toutes choses desirent leur
perfection & conseruation, & abhorrent leur
destruction, la fuyant autant qu'il se peut, ce
que nous font clairement voir tous les iours
les playes que nous auons receu en quel endroit de nostre corps que ce soit : car ceux qui
sont blessez ressentent incontinent l'aide de la
nature, laquelle n'a iamais repos qu'elle n'aye
remis les parties offencées en leur pristine santé. Ie

té. Ie ne condamne point ceux qui difent, que
les contraires font gueris par leur contraire,
pourueu qu'ils ne regardent pas les qualitez,
ains feulement les vertus contraires de la nature, la bonté defquelles tend à la conferuation
ne plus ne moins que la malice des autres s'oc-
cupe à la deſtruction de la nature ; doncques ſi
les premieres veulent deſtruire, celles-cy font
données pour le foulagement de la nature trauaillée, à fin que par leur bonté elles puiſſent
conſeruer la double bonté de la nature, &
chaſſer & expulfer la malice des autres ; & par
ainſi les vertus contraires & aduerfes de la
mauuaiſe nature, font expulſées & vaincuës
par la bonté de l'autre nature : mais les qualitez contraires ne font pas oſtées par des autres qualitez contraires, veu qu'elles s'irritent
l'vne l'autre, & femblent s'efmouuoir au com-
bat, par lequel s'enfuit vne plus grande infirmité, que confirmation de nature, d'autant
que la nature n'eſt pas vne qualité, ains vne
vertu ; or puis-qu'elle eſt vne vertu, elle ne demande pas aide & fecours aux qualitez, pour
heureufement combattre fon ennemy : car ce
n'eſt pas le medecin qui chaſſe la maladie, ains
la nature mefme, laquelle eſt la mumie ou baulme interne, qui chaſſe le mal qui luy eſt contraire ſi (lors que fes forces internes viennent
à luy defaillir) elle reçoit (par le moyen du
medecin) les forces externes, & quoy que fouuent lé medicament foit tres-bon, il eſt meilleur de commettre la cure entre les mains de
la nature, fans fe feruir d'aucun medicament ;

car

car la nature du corps interne expulfe plus de maladies, que non pas le medecin auec fa medecine : c'eft pourquoy il arriue fouuent, qu'en l'ardeur de la pefte, l'on fe fert de l'opium, qui eft tres-froid, non pas que cela fe falle, à caufe de la froideur de l'opium ; ains à caufe de fa vertu veneneufe, laquelle eft plus releuée en faict de venin, que la pefte mefme : & par ce moyen la nature fe fert d'vn venin pour arrefter vn autre venin, & contraint vn petit mal pour vn plus grand; de façon qu'elle fe fert d'armes tant bonnes que nuifibles, pour arrefter la furie de fon ennemy, & le chaffer loing de fon domicile ; & tout ainfi comme l'hyuer ne chaffe pas l'efté, ny l'efté l'hyuer, ains fe fuiuent pas à pas l'vn l'autre, de mefme auffi vne qualité ne chaffe iamais l'autre : car fans la vertu la qualité eft morte, & totallement accidentelle ; or cela eftant il eft impoffible qu'elle puiffe donner aucune vie, ny fubftance : ce qui neantmoins doit eftre fait par la faueur de quelque medecine, fi elle doit donner affiftance à la nature. Ie confeille neantmoins qu'en ce lieu l'on obferue, que les racines des maladies ne font ny chaudes ny froide au corps humain: toutesfois l'on les dit chaudes & froides, de mefme façon que l'on a pelle coloré tout ce qui eft au monde; & iaçoit que ces accidens & excremens foient à tout le moins fignes des maladies, ils ne font pas nonobftant la maladie mefme : car les maladies, mefchans traiftres du corps humain, ne fortent pas de la matiere du corps, ou des quatre humeurs, mais

des

Lors que le Medecin naturel ceffe, le Medecin interne commence l'operation.

des femences de la nature, ou des trois principes, fçauoir des aftres, & efprits mechaniques
inuifibles, lefquels font leur habitation externe
iufques dans les coquilles: quant à nos anciens
ils n'ôt pas eu l'honneur de cognoiftre les fa-
bricateurs des maladies ou (pour mieux dire)
les aftres inuifibles. Veu que la medecine n'eft
pas vn corps, ains feulement vn efprit vifible
au feul mage: c'eft pourquoy la terre ou corps
doiuent eftre delaiffez pour retenir la vertu ou
aftre celefte : car il eft neceffaire quant au mi-
cocrofme & medecine, que la vie pure agiffe à
la vie: ie dis la vie pure, parce qu'il faut feparer
les impuretés du corps : que fi la vie agit à la
vie, l'efprit doit agir à l'efprit, ne plus ne moins
que le foleil, lequel (quoy qu'il ne puiffe eftre
touché) ne laiffe pourtant de faire fondre la
neige. Merueille de la nature : laquelle fait fes
operations fans corps, & fans matiere, & neantmoins agit au corps, & en la maladie qui
n'eft point corps ; auffi c'eft celle cy qui eft la
vraye & viue anatomie: le mechanique & fabricateur des maladies doit eftre arraché en fa
racine, c'eft à dire la caufe de la maladie : car il
eft plus facile de deftruire l'arbre en deftruifant la femence, que (ayant permis l'arbre
croiftre) en deftruifant les rameaux, d'autant
que le tronc demeurera toufiours. Ainfi
l'ouurier mechanique du poirier, c'eft à dire le
principe de fa generation, a fa premiere habitation en fa racine, & non au rameau: l'on empefche le gramé fi lon arrache fes racines lors
qu'il commence à prendre force ; par mefme

i

Paracelse in sinctura Phisi- cerum.

Au premier traicté du li- ure second de la grande chy rurgie.
Aux maladies on ne confi- dere pas les degrés ny les complexions le libelle de antiqua medi- sinæ

moyen ayant ofté le centre, racine, & femence des maladies, lon a paracheué la cure : car on ne fçauroit efteindre le fœu, fi lon n'agit qu'à la fumee qui fort du feu; il faut donc neceffai- rement agir au feu mefme, & le medecin qui ne regarde que la complexion de fon malade, eft femblable à celuy qui tafche d'efteindre la feule flamme, laiffant le charbon en fa vigueur. Car il ne faut pas prendre pour la maladie ce qui prouient de la femence, ains la racine de la femence, & c'eft là où lon doit battre en ruine pour venir au bout de la cure : lors que Paracel- -fe dit, que les femblables font conferués par leurs femblables, & les contraires deftruicts par leurs contraires, il ne regarde pas aux pre- mieres ni fecondes qualités; (eftimant quelles font vaines) ains à la fubftance, ou δυνάμεις d'Hypocrate, comme il appert au 18. chap. du premier traicté de la feconde partie de la grãde Chyrurgie , & en autres lieux où fe treuuent femblables remedes pour les maladies; parce qu'ils font tirés de la mefme anatomie natu- relle à caufe des fignatures, proprietés, & raci- nes femblables y contenuës. Pour ce qui eft des contraires parce qu'ils abondent en deffauts, & parce que par le moyen de la faturité amie ils preparent les efprits & impuretés femblables, ils machinent les refolutions, confomptions, & tacites ablations , mais lors qu'il dit , que les

Car qu'elle maladie que ce foit doit eftre guerie par fon pro- pre approprié.

femblables font conferués par leurs fembla- bles, il l'entend en cefte façon, fçauoir que le fel, foulphre & mercure du microcofme font conferuez par le moyẽ du fel, foulphre & mer- cure

cure du macrocofme côuenable à l'autre analogiquement : & tout ainfi comme il y a diuers foulphres au microcofme (car celuy de la
tefte eft different de celuy du cœur,&c.) de
mefme y a-il aufli diuers mercures, & diuers
fels ; or cela eftant au fils, il fe treuue aufli au
macrocofme ; qui eft le pere du microcofme:
car en iceluy fe treuue diuerfité de foulphre,
fel, & mercure felon la varieté des herbes &
mineraux correfpondans aux autres du petit
monde, la manifeftation en eft affés facile,
& principalement à ceux qui fe fçauent feruir des fourneaux de Vulcan, par le moyen
defquels on recognoit la concordance, repugnance, & difference; & parce que ledict Paracelfe diftribue toutes les maladies materielles felon les trois fubftances defquelles nos
corps font compofés, & felon les fuperfluités
excrementices prouenantes du boire & du
manger : il appelle maladies foulphrées celles
qui prouiennent au corps humain par le moyé
de l'embrafement du foulphre naturel ; à la
verité le foulphre eft deftruict par quatre
voyes, & exalté par la faueur des quatre elements, quant à ces maladies foulphreufes font
pour l'ordinaire fiéures & toutes inflamma-
tions : quant à celles qui prouiennent de la liqueur,il les appelle mercuriales.Car le mercure eft exalté par fon degré naturel en trois façons, fçauoir par la chaleur de la vertu accidentelle digeftiue, fecondement par la chaleur
prouenante de l'exercice,en troifiefme lieu par
la chaleur aftrale ; deflors que la maladie prouient de la chaleur digeftiue, diftille & faict

yne apoplexie auec ſes eſpeces : la chaleur de
l'exercice, ſublime & amene auec ſoy la manie,
ou phreneſie. Celle des aſtres precipite, & par
le moyen du boire & manger abondant en tartre, traiſne la podagre, chyragre, & arthetique:
les maladies excitées du coſté du ſel ſont par
luy appellées ſalines & nitreuſes : car le ſel
offence la ſanté par ſon exaltation en quatre
façons , & produit des maladies tres-dange-
reuſes par reſolutió & calcination, prouenãt de
l'amiſſion du temperament liquide & humide,
& par reuerberation , & alcaliſation, comme
ſont vlceres, galles, dertres, demangeaiſons , &
ſemblables ; leſquelles maladies ne prouiennent d'autre part , que de la reſolution du ſel
du microcoſme : les cauſes de deſtruction dudict ſel ne ſont autres que l'yurongnerie, de-
ſtruiſant & empeſchant la digeſtion: Pour celles de la reſolution on les aſſeure eſtre vne
luxure immoderée : quoy que les aſtres deſ-
mettent le ſel humain de ſon degré. Quãt à ce
ſel , il peut eſtre tranſmué en quelle eſpece de
ſel que ce ſoit, & telle qu'eſt la tranſmutation,
telle eſt auſſi la maladie. Or donc il dit, qu'il
faut guerir la maladie prouenante du ſoulphre
allumé au corps microcoſmique, correſpódant
analogiquement à l'autre, duquel il ne dit pas
mal , & ne parle pas contre Hypocrate, diſant
contraria contrariorum &c. Car regardant la fin
nous verrons librement & clairement, que ce
remede eſt contraire à la maladie. Donc preſu-
poſons que ce ſoit la fieure eſpandue par tout
le corps; il demande vn ſoulphre approprié,
(& non pas vne liqueur mercurialle ou ſel) tel

que l'on treuue au iardin de la nature ou famille des herbes & mineraux ; comme font
foulphre du vitriol , du nitre, du fel vulgaire
& femblables. Pareillement il enfeigne ; que
les vlceres excités par fels, doiuent eftre gueris par les fels, que fi l'on prend garde au but,
on verra , que tels fels font contraires à celuy
qui aura caufé la maladie. Car ils font in-
carnatifs ; d'où apparoift, que fouuent il appelle fel tout ce qui fe liquefie & rend vne
humidité aqueufe, fe feichant & rendant dure
par le benefice de la chaleur, ne plus ne moins
que le fuc efpoiffi des herbes & des arbres;
donques comme toute la medecine eft tiree de
trois chefs; fçauoir du mercure, du foulphre, &
du fel; de mefme ya-il trois caufes principales
caufans toutes fortes de maladies:& ces maladies font diuifées en trois genres ; fçauoir en
mercurialles, foulphreufes , & falines ; & tout
ce qui vlcere doit eftre guery par le mercure
incarnatif, tout ce qui demeure rifqueux, par
le fel tout ce qui demeure en fonds , par le
foulphre : à quoy me femble que ces raifons
doiuent donner authorité & creance : toutesfois il faut neceffairement (fi lon veut que les
remedes foient contraires à la maladie) qu'ils
foyent amis à la nature. D'autant qu'elle demande la paix , libre de toute forte de contro-
uerfes ; ce qui ne luy peut arriuer que par le
moyen & affiftance de fes amis. Que fi par fortune la nature vient à fuccomber c'eft en vain
que lon accourt au medecin. Comme au contraire la nature eftant en fon entier elle faict

Tout ce
qui eft terre-
ftre aux corps
eft fel, felon
Paracelfe , la
confolida gue-
rit la corro-
fion du fel , le
faffran reftau-
re la diffolu-
tion du foul-
phre, l'or en-
groffit la trop
grande fubli-
mation du
mercure.
Noftre natu-
re remedie
aux maladies
ayant ofté les
empefchemés
nous fommes
affiftés par la
mefme natu-
re contre ces
empefchemés
qui caufent la
maladie.

des miracles preſque incroyables ;　ce que i'ay
veu à Prague en May 1602. au coſté appellé
ville-neufue, en la perſonne d'vn payſan Bohemien apellé Mathieu aagé de trente ſix ans ou
enuiron, lequel par vne admirable dexterité de
gouſier, y cachoit vn couteau aſſés grand , ſi
bien que ſon gouſier luy ſeruoit de gaine, outre
ce il beuuoit encor ayant touſiours le couteau
caché là dedans , neantmoins par vn ſingulier
artifice, il ſortoit ſon couteau quand il luy plai-
ſoit. Toutesfois ie ne ſçay , par quel mal-heur
aux dernieres feſtes de Paſques de la meſme année, il l'aualla ſi bien qu'il le fit deſcendre dans
ſon eſtomach ſi auant, que ſon artifice fut tout
à faict vain pour l'en pouuoir retirer : or voila
noſtre pauure Bohemien aux affres de la mort,
ſi bien qu'il ne ſçait plus où courir, ny à quel
ſainct adreſſer ſes vœux ; il garde ce couteau
dans ſon ventriculle l'eſpace de ſept ſemaines
& deux iours : durant quel temps par le moyen
des emplaſtres attractifs, cópoſés auec l'aymát
& autres de ſemblable vertu , ledict couteau
dreſſa ſa pointe contre l'orifice de l'eſtomach,
où il cómença à chercher ſa ſortie : ce qu'aper-
ceu par le patient (outre le conſentement de
pluſieurs perſonnes à cauſe du danger) il
prie & ſupplie inſtamment , que l'on luy face
ouuerture pour retirer ledict couteau, ſa continuelle importunité , faict mettre en campagne
Florian Matthis de Brandeburg, premier chirurgien de ſon temps , le ieudy premier apres
la Pentecoſte, à ſept heures du matin, lequel
entreprit l'operation, ſi bien à propos qu'auec
l'ayde

l'ayde de Dieu il en vint à bout, ledict couteau fut mis entre les plus rares pieces du cabinet imperial, fa longueur eft de neuf pouces, on le fit voir par toute la ville, comme par miracle : toutesfois la couleur du fer eft tellement changée, qu'il femble auoir demeuré dans le feu, pluftoft qu'au ventre du Bohëme, lequel apres quelques fepmaines commença à fe bien porter, fans eftre aucunement inquieté de fon repos, & luy mefme m'a protefté, qu'il mangeoit & beuuoit auec vn grand appetit, la cure ne luy coufta rien enuers le Chirurgien, toutesfois recognoiffant la faueur qu'il auoit receu du Ciel, s'en voulu reuencher enuers les pauures, aufquels il fit d'aumofnes felon fon pouuoir, & peu de temps apres il fe maria. En l'année 1606. fe treuua vn Silefien à la ville de Prague, lequel pour gaigner quelque argent, en prefence de beaucoup de monde, aualla quarante-fix cailloux blancs, de ceux qui font au bord des riuieres ; le moindre defquels eftoit auffi gros qu'vn œuf de pigeon, fi bien qu'entre tous pefoient pres de trois liures medecinalles, ie les ay veus & auois peine de les prendre en quatre manipules; neantmoins il roula vne couple dannées parmy la ville, fans fentir aucune incommodité de fa fanté pour ceft effect

V.
L'office du medecin ministre
de la nature.

TOut ainsi comme le terme vulgaire de la
Philosophie, ne despend pas du seul iugement d'Aristote, (côme a fort solidement mô-
tré P. Ramus) de mesme aussi (selon le tesmoignage de Paracelse la lumiere de la nature n'a
pas toute esté espuisée de Galien : car nous ne
sommes plus au temps des Grecs, auquel les
hommes tiroyent la lumiere naturelle les vns
des autres, veu que nous auôs le pouuoir de di-
scerner & iuger selon la portee de nostre entendement ; c'est pourquoy celuy qui desire exceller en l'art de medecine, ne doit iamais suiure opiniastrement l'opinion d'vne secte (car à la verité personne ne peut se dire
docte suiuant l'opinion d'vn seul maistre) ains
la seule verité ayant tousiours deuant les yeux
ces vers d'Horace,

Sans effroy courageux ennemy de Borée
Ie me porte par tout,
Et iamais dessous vn ie n'ay ma foy iurée
Qui tienne le haut bout:

Ie ne dis pas pourtant qu'il faille reietter les
inuentions de quelques vns, pour suiure vne
secte qui fera contre, ains ie dis que sans actió
il faut regarder amiablement toutes les sectes,
d'autant que (selon le phœnix des philosophes
Picus Mirandulanus; exemple inimitable de
toute

toute erudition) en chafque famille y a quelque chofe de remarquable, laquelle n'eft pas cô-
mune auec les autres : le mefme en prend-il
aux liures : car il n'y en a aucun tant peruers
foit-il , lequel ne contienne en foy quelque
chofe de bon, quoy que mefprifé par des bons
autheurs. Fabius dict que le dernier aage s'eft
plus eftudié à la recherche des fciences que le
pofterieur, & pendant que les fciences croiſſét
auec les efprits , il s'en treuue , lefquels mali-
cieufement fe precipitent en des miferables erreurs, lefquels font par apres effacés par la feconde generation. Non, non il n'eft plus temps
que les threfors de la fage nature demeurent
enfeuelis (la loy eftant deftinée à tous les
aages & nations pour la confomption du fiecle) il faut que les plus fpeculatifs employent
tous leurs efforts, pour venir à bout de tout ce
qui fe prefente à nôs fens, ce neantmoins il eft
fort difficille à caufe de la briefueté de la vie
des hommes, de pouuoir faire le tour du cercle
de la nature, & comprendre entierement tous
fes fecrets : or l'affaire reduict en ce poinct-là,
il ne faut pas reietter totallement la medecine
des anciens, ny celle de Theophrafte ; que s'il
ne la faut reietter , il n'eft pas auffi befoin de
l'embraffer totalement, & en façon, que fi quelqu'vn en a treuué quelque meilleure il ne le
faille efcouter, & fuiure: car le iour enfeigne le
iour, & le fecód eft maiftre du premier. l'accor-
de bien qu'il les faut mettre tous deux en parallelle, afin de retenir ce qui fera treuué de meilleur en l'vn des deux. Les hómes entant qu'hó-

Toutes cho-
fes fecrettes,
par vne diui-
ne ordination
doiuent eftre
manifeftées.

L'experience
iournaliere la
quelle n'a en-
cor atteint fa
fin defcouure
beaucoup des
erreurs des
anciens.

I 5

mes font fubiects aux paffions humaines, fi bien
qu'ils errent en vne part & en l'autre; ils efcri-
uent des contrarietez & repugnances, & fouuent fe contredifent, fi bien que tous ne voyét
pas tout. Le fainct Efprit feul a la pleniere &
entiere fcience de routes chofes, & la diftribue
auec mefure, foufflât, & fpirât là où il luy plaift,
mais non tout : car il fe referue toufiours quelque chofe afin de nous tenir ordinairement
pour fes difciples.

Mais fuppofons, que le vray medecin foit le
miniftre & non le maiftre de la nature, & felon
le dire de Galien, & d'Hypocrate, tres expert
Philofophe en l'art de medecine ; parce qu'entre deux genres de Philofophes, les vns foüil-
lent la nature des chofes fublunaires, les autres
plus releués & profondés en Philofophie, vont
iufques au centre de la nature, & en puifent les
plus admirables fecrets, ceux cy en la façon des
anciens facrificateurs, entrét dans le fanctuaire
de la nature, poffedans la vraye cognoiffance &

Paré en fa
grande chy-
rurgie.

experience de la lumiere naturelle, d'où fortent
les vrais medecins : car la force naturelle produicte auec les corps terreftres, conioincte par
la Chymie aux conftellations du firmament,
moyennant la dexterité du medecin caufee par
influences celeftes, ces chofes enfin affemblees
font vn legitime medecin. Toutesfois felon
l'opinion de Paracelfe, il faut que le medecin
foit premierement interprete legitime de la nature, l'œconomie de laquelle eft deliurée entre fes feules mains, recognoiffant en l'homme, (comme en toutes les autres creatures)
fon

son vniuerfelle laffitude. La Philofophie enfeigne les vertus & proprietez de la terre &
de l'eau, & l'aftronomie du firmament & de
l'air ; la Philofophie & aftronomie enfemble
font vn parfaict Philofophe, non feulement au
macrocofme ains encore au microcofme : il
faut doncques que le medecin aye la cognoiffance de la Philofophie & aftronomie : car la
Chyromancie, Pyromancie, & Geomancie font
Elements de l'aftronomie & Philofophie, &
felon le iugement de Platon & de Theophrafte ceux là doiuent eftre iugez vrais Philofophes, lefquels contemplent & admirent ceft
admirable ouurage de la nature, c'eft à dire
cefte grande & vafte machine ; auec les qualitez, affections, mouuements, cours, & recours
du Ciel & de fes corps ardans joinct leur oriét,
occident, anteceffions, confecutions, progrez,
degrez, retardemens, & viteffes ; s'eftudiãs, outre
ce à la recherche des femences, principes, di-
menfions, & inftincts des corps fublunaires par
les grandes obferuations qu'ils ont acquis auec
leur diligence, laquelle (accompagnée d'vne
perpetuelle meditation & cognoiffance) leur
faict endurer la foif, & dreffer des vœux,
afin que non feulement ils puiffent entendre
les fecrets myfteres de la nature, ains encore les imiter, & qui plus eft les faire mefme : & où le Philofophe laiffe la lumiere naturelle du macrocofme, là le medecin commence la concordance analogique de la lumiere
naturelle du macrocofme.

Secondement fuppofons vn fpagyrique, lequel

Marginal notes:

Le vray Philofophe a fon origine de la cognoiffance du ciel & de la terre, & cognoit la proprieté d'iceux.

L'admiration eft le cõmencement de la Philofophie.

Par cefte admiration qui eft vne frequente cogitation la façon, caufe, & raifon de chafque chofe fõt trouués.

Le Philofophe foit du medecin & le medecin du philofophe. & l'vn & l'autre font reciproquement racines & entre eux ne font qu'vn.

Le fpagyrique eft le cuifinier de tous.

La Philofophie eft la mere des medecins & celle qui donne la cognoiffance des maladies & des remedes.

quel aye la science de separer les impuretés
des esprits les plus purs, & restituer la santé
des malades par le moyen de ses preparations
chymiques. Ie dis que ne plus ne moins que
l'or est espreuué par sept coupelles, de mesme
aussi le vray medecin doit estre espreuué par
les separations qu'il faict du bon auec le mauuais, par la faueur de Vulcan; outre ce il doit
auoir l'experience pour la confirmation de sa
science : car la Philosophie est la medecine
practique laquelle met la medecine entre les
mains des medecins, en fin c'est au vray medecin sorti de la lumiere naturelle, auquel la
nature communique son experience; (qu'il me
soit pardonné si ie-dis la verité) ie tiens qu'il
n'y a aucun des mortels qui aye mieux sçeu
que c'est de la Philosophie & medecine, ny
qui l'aye mieux mise en lumiere que Paracelse,
digne d'eternelle memoire, la science duquel
personne n'a encor peu surmonter, voire mesme atteindre, c'est pourquoy il merite d'estre
qualifié vray monarque des medecins & premier des Philosophes naturels, se pouuant seul
venter d'auoir mieux escrit de l'homme astral,
& de ses offices creés par la main diuine, que
personne despuis le temps de Noël:outre ce il
a touché le vray but des maladies incurables
& de leur origine.Ie passe outre,asseuré que dés
nostre premier aage ne s'est treuué aucun medecin,lequel se soit peu seulement imaginer
ses perfections, que si ceux de nostre aage regenerés de l'eau spirituelle,n'y ont peu atteindre,à plus forte raison ces Philosophes ethniques

ques (de la Philofophie defquels toutes les erreurs des gentils ont prins leur origine) y feront paruenus, ces Philofophes, dif-ie, lefquels ont paffé fous filence deux corps des creatures, fçauoir le corps corporel mortel, elementaire Phyfique & vifible des elements, l'aftral fyde-derique & inuifible du firmament & des eftoilles; L'ame intellectuelle de l'homme, lumiere diuine prouenant de l'efprit de Dieu, & des fontaines du ciel, apartenant tant feulement à la Philofophie inuifible, laquelle ne recognoift autre fondement que Iefus-Chrift: c'eft donc Chreftiennement que nous deuons philofopher, & nõ pas à la façon des ethniques, preferans les chofes caduques & mortelles aux eternelles, & immortelles: toutesfois il ne nous faut pas tant feulement arrefter à la totalle cognoiffance interne & externe de la nature, mais il faut prendre peine, que felon la fondamentalle cognoiffance d'icelle, fauorifés de la lumiere de grace, nous ayons la poffeffion de la vie eternelle auec Iefus-Chrift, lequel nous a créés à cefte fin, vie eternelle laquelle feule eft la vraye Philofophie Theologique: c'eft pourquoy il eft neceffaire de chercher pluftoft le moyen de renaiftre: car par iceluy affiftez de noftre labeur, nous paruiendrons librement aux chofes naturelles. Mais retournons à noftre Theophrafte, lequel a efté grandement expert à la chymie quoy qu'il n'en aye pas efté l'autheur, car il fe treuue vn grand nombre de liures traictans de ceft vfage auant le temps de Theophrafte defquels luy mefme a beaucoup apprins. Ceft

art

Toutes fciences font parfaictemét aprinfes, du fondement de la foy par vne nouuelle regeneration, ou celefte tranfplantation.

L'homme ne peut auoir vne plus grãde Philofophie que de Dieu par la nouuelle generation.

Cefte Philofophie n'eft pas nouuelle ains a efté de tout temps.

art de diftillation a efté grandement precieux
(quoy que diffamé par les ignorans) toutesfois il a efté toufiours cogneu ou des Rois, ou
des Princes, ou de quelques grands Philofophes, lefquels fe font eftudiés à la recherche
d'iceluy, comme Paracelfe, lequel femble y
auoir donné le dernier traict de pinceau: & parce qu'il voyoit, que de fon temps perfonne ne
prenoit peine de tirer hors des tenebres la
vraye medecine, il tafcha (pouffé par vne diuine infpiration)de remettre en fon entier cefte
fcence des anciens ja enfeuelie dans l'oubly
par vne fatalle malice & negligence des hommes. Quoy?il ne s'eft pas contenté de la remettre au iour, car il l'a voulu amplifier & retirer
du mafque des impoftures de ceux qui ne tafchent qu'à deceuoir la fimple croyance des ef-
feminés : voicy le diable ennemy perpetuel du
genre humain & de la verité, qui fufcite fes fa-
tellites, lefquels pouffés par vne enuie Caï-
ne, tafchent d'ofter de la bouche des autres
la viande qu'ils ne fçauroiët eux-mefmes dige-
rer, & femblables à des harpies abayent apres
ce bien duquel ils ne ioüyront iamais : mais
quoy c'eft le mal-heur de noftre fiecle, car les
hommes fe font malicieufement plongés ie ne
fçay fi ie doy dire en telle impieté ou blafphe-
me, qu'ils eftiment que les dons particuliers
pour les maladies defefperees, que Theophrafte a reçeu du Ciel (feul autheur de la medecine, duquel toute forte de dons, & biens fortent comme de leur vraye fource & origine,
meritant vne humble action de graces,accom-
pagnée

Le medecin creé de Dieu peut tout. Iacob chap. 1. fect. 17.

Toute puif-fance promiet de Dieu fans lequel toutes les creatures font impuif-fantes.

Et par ainfi il faut croire que toutes les merueilles, myfteres, & fecrets pro-uiennent de de Dieu & non du dia-ble, ni des creatures moins encor des aftres.

pagnée d'vne profonde reuerence) ne font
qu'enchantemens & forceleries , femblables à
ces antiques Pharifiens , lefquels voyans les
merueilles de Iefus - Chrift , fans crainte ny
demy , difoient tout haut , qu'il faifoit cela
au nom de Lucifer , lequel neantmoins il te-
noit lié par la corde de la volonté de fon Pere eternel : miferables , s'ils eftoient tels qu'il
faut , ils verroient clairement , que ces effects
ne prouiennent que du pouuoir de Dieu ,
vray autheur de la nature , & que les hommes,ny les diables n'ont aucun pouuoir s'il ne
leur eft permis & octroyé de la volonté diuine,
& par ainfi les demons font adorés en place de
Dieu, biafphemant contre la gloire , bonté , &
toute-puiffance du Pere celefte ; ce n'eft encor
tout,car cefte maudite race s'efforce encor par
vne malicieufe ignorance d'obfcurcir la fapience , & image du tout puiffant cachée en l'hom-
me.A la verité nos medecins Allemands ne de-
uoiét iamais faire ce tort à leur patrie,de mefprifer les fecrets que la mere nature a concedé à
noftre Theophrafte : ils ne veulent louër que
ce qui eft à eux,ou pluftoft ce que fecrettement
ils ont puifé d'autruy ,au dommage des inuentions des autres , comme il arriua à P. Ramus
par l'enuie des mefdifans ; car ne plus ne moins
que les Ariftoteliciens s'efleuerent contre Ramus, de mefme auffi les medecins fe font re-
uoltés contre Theophrafte Paracelfe, la fcience duquel les nations eftrangeres admirent
pleines d'eftonnement : & non contens de fa
fcience medecinalle , emprumptans des autres,

                                    fans

Car il a efcrit en telle façou qu'il nous à ofté toute efperance de le pouuoir imiter. Voy le liure de Paracelfe du fondement de la fapience, outre celuy la voy celuy qu'il intitule *Surfum Corda*, celuy qui prédra gouft à fes efcrits les examinant iufques dans la mouëlle le verra fort biē: la Theologie & la medicine feparées doiuent eftre cōjoinctes. Le corps eft le domicille de l'ame. Dieu & la lumiere rēdent l'homme parfaict & fa lumiere de la nature eftāt bien cogneue l'on cognoift Dieu la lumiere de grace.

fans auoir leu, ny mefme veu fes efcrits Theologiques (eftans trop foibles d'efprit pour les comprendre : car il n'y a que le feul intellect infpiré par la diuine fapience qui en puiffe iuger la verité) ne fe peuuent neantmoins tenir d'y cercher des anicroches. Efcrits dans lefquels il s'eft efforcé d'affeoir le fondement de la verité & pieté Philofophique & Theologique, puifée au liure de grace & de nature, fçauoir que noftre entendement s'efleue à noftre Dieu, & nos yeux à la recherche de la verité, affin de nous pouuoir guinder à l'eternelle beatitude par le moyen de la faincte regeneration : car fans la Philofophie, il eft impoffible d'eftre bon & pieux, voire il ne fe peut faire que celuy puiffe droictement & Chreftiennement philofopher qui n'eft enrichy du doüaire de la pieté. D'autant qu'il faut remarquer qu'il y a deux lumieres entre lefquelles font toutes chofes, & hors defquelles il n'y a rien, non pas mefme iufques à la moindre cognoiffance des chofes, laquelle puiffe eftre dicte parfaicte. La lumiere de grace faict vn vray Theologien, toutesfois non pas fans la Philofophie, quant à la lumiere naturelle qui eft comme le vray rayon de la lumiere de Dieu confirmé par la Saincte Efcriture, elle perfectionne le vray Philofophe, mais non pas fans la Theologie, laquelle eft l'vnique fondement de la vraye fapience. Les œuures de Dieu font mipartics en deux ; la premiere defquelles eft comprinfe en la Philofophie & c'eft ce que nous appellons œuure naturelle. Mais la voye ou œuure de Chrift, par

ce

ce qu'elle eſt plus ſublime & fondee ſur la Theologie ; c'eſt doncques en ces deux voyes que nous deuons employer noſtre temps, affin que nous finiſſions nos iours en paix & ioye ; de là appert,comme tout vray Theologien eſt Philoſophe,tout vray Philoſophe Theologien. Apres noſtre Paracelſe Paulus Braun de Noremberg , Valentinus Vveigelius, & Petrus Vvinzius hommes tres-doctes & dignes d'eternelle memoire, ont taſché de ſuiure le meſme chemin,inſtruicts & illuminez,non pas par la ſenſuelle des eſcholiers,commençans,ny par la rationelle des profeſſeurs ja aſſeurez en leur doctrine,ains la troiſieſme des parfaicts, mentalle & intellectuelle , c'eſt à dire en l'eſchole du ſainct Eſprit,dans laquelle les Prophetes & Apoſtres,auec le reſte des hommes vrayement doctes,ont eſté inſtruicts ſans peine & trauail: ceux là, dis-je, ayans laiſſé des marques aſſeurees de leur eſprit,en leur eſcrits dignes d'eſtre grauez dans l'airain,afin que nos derniers nepueux puiſſent iouyr d'vn ſi rare bien, pourueu que l'ingratitude & indignité du monde ne les face abolir ; ces grands perſonnages ont tous butté là, que (ſuiuant la volonté diuine) l'eſprit des lecteurs aſſiſté de la grace celeſte, garrotté neantmoins encor au ioug de l'enfer de cette miſerable vie, apres vne ſerieuſe cognoiſſance & deploration de noſtre cheute, par la frequente contemplation des choſes diuines , & par l'abnegation de ſoymeſme pour l'amour de Ieſus-Chriſt, ayant

En meditant, ou contéplant nous voyós,en voyant nous cognoiſſons, en cognoiſſãt nous adherós, en adherant nous poſſedós en poſſedant nous iouyſſés de la verité, laquelle eſt la viande de noſtre ame.Lis S. Denys & Picus Miranduland, au cãt.des cãt. chap.1.ſect.8. Pendant que nous eſplutchons auidemét les autres, nous cómençons de nous ignorer. Apres que tu auras parcouru toutes choſes, & te ſeras negligé toymeſme,qu'auras tu profité. Epiſt.1.Io.2. ſect.20.27.pſ. 98.Abacuc 2. ſect.19.pſ58. 84.85.ad Philip.3.Zach.2. ſect.12.1.des Cor.2 ſect.9. Les ſens eſtans aſſoupis,l'entendemẽt eſt tranquile.

K   jetté

148   PREFACE

Il faut atten-
dre Dieu qui
donne sa be-
nediction où
il treuue les
vases vuides.

jetté & mis derriere soy la vanité des ombres)
peut descouurir ce grand thresor, qui est ense-
uely en soy-mesme: de peur que se negligeans,
& toutes choses auec le reste des miserables
mortels (ne prenant pas mesme garde, que Dieu
est dans eux-mesmes) ils cherchassent ailleurs
ce qu'ils treuuent enclos dans leur interieur,
mandiant parmy les liures, & chez les mortels
precepteurs, auec vne peine & trauail indicible, le thresor qu'ils treuueroient chez eux, si
auec le royal Psalmiste psal. 40. ils vouloient
mourir en eux-mesmes, ayant supprimé l'appetit brutal de l'homme, lequel n'est autre chose que terre, & parmy leur loisir, ils vouloient

Il faut treuuer
Dieu dans le
téple du cœur.

attendre leur Seigneur dans son sainct temple,
qui est l'abysme de nostre cœur, ou le lieu
plus secret de nostre ame au pseaume 5. parlant
neantmoins en nous par son sainct Esprit, lequel ne desdaigne point de faire toutes choses
en nous, iusques à illuminer nostre entendement, d'où depend le salut de tous les hommes, seul obiect & fin de philosophie cabaly-
stique: mais mal-heur! ils ayment mieux estre
miserables, & sans contentement en eux-mesmes, que sages & heureux en Dieu, auec Dieu,
& chez Dieu, par la renaissance; le cœur de
l'homme est le vray Eden, & iardin de volu-
pté du Tout-puissant, parce que Dieu a creé
le monde, & l'homme, afin qu'ils fussent son
domicile, & qu'il habitast en eux comme en sa
propre maison, ou temple, quoy que maintenant il ne puisse estre regardé, à cause de l'obscurité

 scurité du poinct quaternaire : mais apres la
consommation de ce siecle, qui doit estre re-
nouuellé, du ternaire de l'homme selon l'ame,
l'esprit & le corps ; alors la regeneration (nouuelle Hierusalem, habitee de cette essence incomprehensible, sçauoir de la tres-saincte Trinité) n'aura pas moins de splendeur, que la
rayonnante couleur du feu, brillant à trauers
vn rubis ou escarboucle. O trois & quatre
fois heureux celuy, auquel Dieu est comme
en vn ange corporel, ou de l'ame, duquel le
Tout-puissant en faict vn temple, à cause de
sa candeur, ou bien là où la senextre de l'homme ne sçait pas la puissance de la dextre diuine ! En cet vnique but, sçauoir Dieu, tous les
hommes doiuent viser, apres auoir rejetté tous
les empeschemens, qui se presentent au chemin (veu qu'en ce monde n'y a que vanité,
voire que c'est la vanité des vanitez, hors l'a-
mour & obeyssance de Dieu) & en cette façon, par vne humble subiection s'vnir auec le
vray Estre des Estres, de peur que par nostre
desobeyssance, arrogance, & propre volonté,
(ayant negligé l'image de la nature & proprieté, voire Dieu mesme, comme proprietaires
de nos propres passions, & des creatures) nous
ne retournions à nostre rien : car si l'ame retourne en soy-mesme, & s'esleue en son esprit,
elle s'approche de Dieu & voit tout, & (à l'i-
mitation des Anges, n'a aucune discipline externe, parce qu'elle apprend, void & entend
toutes choses, sans sortir de soy en façon quel-

Apoc. 21. sect. 2.3.

La creature est obligee de droict à l'o-beyssance de son createur, affin qu'elle demeure vne en voloté auec Dieu. Gen. 6. sect. 3.

La cheute de l'hôme & nostre mal n'est autre que le deffaut de l'vnité à l'altera-tion.

Seneque, autât de fois que i'ay esté parmy les hômes, ie m'en suis retourné plus petit homme chez moy.

O que ceux là se rendent difficilemét sots, lesque's ont esté vne fois plongez dans la sagesse humaine.

conque.

conque:que fi par vn contraire fort elle fe retourne & rend fubiecte de fes fens, elle s'ef-
loigne alors de Dieu, & laiffe Dieu, ne plus
ne moins que le pur laiffe l'impur par le moyen
de l'art de feparation: toutesfois c'eft vn myftere trop releué pour les Academiciens; car il
n'y a que la deuote & religieufe humilité, la
plus noble de toutes les vertus, laquelle foit
capable de la lumiere; mais comme cette verité ne fe peut comprendre,fi ce n'eft que noftre
entendement foit embrasé par la parolle de
Dieu,& que noftre raifon prenne la celefte lumiere par l'entendement: toutesfois qu'il foit
affez d'auoir traicté de ces myfteres en ce lieu:
car quittant ce deftour auquel la raifon m'a-
uoit conduict, ie m'en veus retourner à mon
medecin Paracelfe.

 Ie m'eftonne grandement de l'ingratitude
de nos medecins, lefquels deuoient pluftoft
embraffer & baifer ces dons fi excellents receus
du Ciel par Theophrafte; voire l'auoir luy en
honneur & reuerence, que (à caufe de fes
mœurs) l'auoir mefprisé, & eu en telle haine
comme ils ont fait: toutesfois fon fiecle aura
pour excufé la barbarie des efcriuains,lefquels
à caufe de la noueauté des noms qu'ils inuen-
tent tous les iours, ont obfcurcy la lumiere
mefme,& voulans fe feruir de l'induftrie d'autruy,tafchent toufiours d'efquiuer la verité des
fainctes fciences; voicy ce qu'en dit Platon:

  " *Afin que les arts foient cachez*
  " *Par l'obfcurité des Ethniques,*

     " *Les*

" *Les gouuernemens sont laschez*
" *Des plus petits aux plus sublimes.*

Qu'vn chascun, ie vous prie, entre en soy
mesme, & confesse la verité, s'il eust eu la
sciéce de Theophraste, ne l'eust il pas commu-
niquée à tout le monde: toutesfois il feroit côtre le serment d'Hypocrate, lequel n'a pas voulu enseigner la medecine à tous, voire il est besoin de tenir les secrets couuerts du manteau
des tenebres: car il n'est permis qu'à Dieu seul
de les manifester, dautant qu'estant descou-
uerts, ils aportent pour l'ordinaire vne grande
crainte, ou traisnent la mort quant à eux, ou
nous confinent dans les tenebres effroyables
d'vne solitaire prison, ou en fin nous con-
traignent à vn exil volontaire, si nous ne
voilons la verité d'vn masque autant plein
de fraude que de menterie, comme (outre
nos recents) tesmoignent fort bien R. Lulle, Arnoldus, Zacharie Parisien, & plusieurs autres. Les vrais Philosophes Hermetiques prestent le serment d'imiter les vestiges
de leurs peres & precepteurs, & de iamais ne
prophaner temerairement la virginité de la nature gardee dés le commencement du monde:
toutesfois entre ces serments, quoy que les disciples fussent obligez à leur foy, ils n'ont pourtant laissé de donner quelques preceptes, mais
non pas si clairs qu'ils nayent besoin d'vn gran-
dissime trauail pour estre rendus clairs & faciles: ceux qui n'ont pas plus d'esprit qu'il ne leur
en faut (voyant quelques inuectiues que Para-

Personne ne peut posseder vn art sans peine.

K 3　　celse

celle dreſſe contre l'experience des medecins methodiques,& contre la ſcience des Empyriques (croyent qu'il eſt contre toutes les ſectes de medecine,& inferent par là,qu'il ſe veut dire l'vnique medecin du monde,c'eſt bien la verité qu'il condamne le vulgaire des medecins qui n'ont pas dauantage de ſcience , que de pratique. Et de faict il n'eſt pas raiſonnable de les qualifier d'vn ſi noble nom,deſpuis qu'ils ne ſçauroient mettre en vſage aucune choſe apartenât à la medecine,eſtant contents de ſyllogiſer de la medecine , ſigne vrayement d'vne ſotte ambition,par laquelle ils ſe veulent attribuer la medecine methodique , mais prenons nous garde de telles gens:car ils ſont plus propres à cacher la verité de la medecine,que de la manifeſter ; quoy que pluſieurs portés par vne ſuperbe,digne de tels ignorants , qu'ils aiment mieux laiſſer perir & mourir leurs malades,que de ſe ſeruir d'aucun des remedes de Theophraſte,il s'en treuue d'autres qui ont plus de iugement & de conſcience que ceux là : car s'ils meſpriſent les ſecrets de Paracelſe deuant le môde, ce n'eſt pas à dire,qu'ils ne s'en ſeruent; ains ſeulement affin que par les admirables effects d'iceux, ils puiſſent conſeruer voire accroiſtre dauantage leur renom ; c'eſt pourquoy tant plus ils recognoiſſent de bonté en ces ſecrets ; tant plus ils les meſpriſent deuant les hommes : toutesfois ces critiques cauſeurs de Theophraſte,methodiques trompeurs,quoy qu'ils vueillent contrefaire les chymiques,ayât

(comme

(comme lon dict) tourné le dos à la medecine
methodique, ne doiuent iamais eftre mis en
parallelle auec Paracelfe, qui ne fuit rien,
qui ne foit conforme à la raifon, & à l'experience ; comme tefmoignent fort bien
ceux qui font efclairés de la lumiere intellectuelle:& de faict nous ne deuons iamais eftre
fi opiniaftres à l'authorité d'vn feul, que nous
luy poftpofions la verité, fans laquelle toutes
les authorités font pernicieufes,& de nul prix,
felon le iugement des fages, lefquels affeurent
qu'il ne faut pas tant regarder par lauthorité
defquels ils parlent, comme fi ce qu'ils difent
eft conforme à la verité, outre que raportant
les opinions des autres,il fe faut prendre garde
de mettre quelque chofe de fon inuention.

La vraye methode confifte en la cognoiffance & cure de la maladie, fçauoir quel regime
de vie, & quel medicamét font propres à chaffer la maladie & redonner la fanté : c'eft pourquoy Vvimpenæus montre fort doctement,có-
me les Paracelfiftes gueriffent les grandes maladies en trois façons.

La premiere eft que maintenant les maladies
font mieux cognuës, car anciennement on les
raportoit toutes aux quatre humeurs c'eft
pourquoy on ne les pouuoit guerir,la raifon eft
à caufe du tartre adherant à quelqu'vn des
membres, lequel ne peut eftre referé à aucune
des quatre humeurs : mais defpuis que nous
fommes en difcours du tartre,il me femble bon
d'en difcourir amplement.

K 4 La

La premiere essence ou Ens à la vie, se faict de la derniere matiere de la viande, par le moyé de l'archee, sçauoir la digestió de l'estomach, la generation de la separation, ou la separation mesme, d'où le corps prend sa nourriture & substance ordinaire: or ceste matiere est reduicte en soulphre, mercure & sel, comme fort bien apert aux trois principaux emóctoires; car le superflu du sel est separé par l'vrine, du soulphre, par les separations des intestins, le mercure ou liqueur, tient le lieu & place de la nourriture, & si par fortune il se treuue quelque chose de superflu en iceluy, il est expulsé par les pores.

Tout ce que nous mangeons & beuuons a en soy vne morue areneuse, & vn tartre sablonneux, fort contraire à la santé humaine, dequoy la nature ne prend que ce qui est pur, parce que lestomach (instrument de l'archee de l'homme, ou interne chymique né auec l'homme, & planté par la main de Dieu) recognoissant ce qui luy est propre, si tost qu'il a receu dans soy l'aliment, auant la digestion separe la pure nourriture, des impuretés tartreuses: que si l'estomach se treuue bó & valide, le pur se glisse par les membres affin de les nourrir, & laisse l'impur lequel s'en va par separation: mais si l'estomach par vn contraire effect se treuue debile, il ne peut empescher que l'impur ne soit poussé au foye par les veines meseraïques, où la seconde digestion & separation sont faictes: c'est donc par ces deux, que le foye separe à son

tour

Marginal notes:

Chasque membre a sa digestion, sa separation & son excrement émonctoire en soy-mesme.

La premiere digestion de l'estomach n'est pas digestion, ains seulement vne preparation pour les digestiós de chasque membre.

tour le pur de l'impur, c'eſt à dire le rubis du
chriſtal, pour le rubis faut entendre la nourriture de tous les membres; du cœur, du cerueau,
&c. pour le chriſtal, qui neſt pas nourriture, eſt
chaſſé dans les reins, & c'eſt l'vrine, laquelle
n'eſt autre choſe, que le ſel exprimé des mercurialles, par la violence de la ſeparation en ſa
reſolution: car tout ce qui eſt reſout en eau par
le foye, il eſt expulſé : ſi le foye par ſa debilité
ne ſepare pas bien, il renuoye ceſte matiere
morueuſe & areneuſe aux reins; là où, par defaut de bonne ſeparation & de puiſſance de
predeſtination, moyennant l'eſprit du ſel, ſe
coagule & rend en ſable, tartre, ou pierre ſemblable au mortier: donques le tartre eſt l'excrement de la viande & du vin que nous beuuõs,
lequel ſe coagule dans l'homme par le moyen
de l'eſprit du ſel, ſi ce n'eſt que par la propre
force naturelle il ſoit meſlé auec les excrements & iette hors auec iceux ; d'où arriue
qu'il y a quatre eſpeces de tartre, le calcul ou
pierre dans la veſſie, le ſable des reins, le bolus
comme glu, & la matiere boüeuſe de leſto-
mach, outre vne grande varieté de maladies
incogneuës aux anciens. Paracelſe diſtingue le
tartre en deux, ſçauoir en tartre accidentel ou
eſtranger, prouenant du boire & du manger, &
en naturel, né auec nous, ou hereditaire du
ſang; or celuy cy prouenant d'vne diſpoſition
tartreuſe, parce que le medecin ne peut pas
contraindre la nature, demeure incurable ſi ce
n'eſt qu'on vſe de la quinteſſence d'or laquelle

a le

ſçauoir quãd l'eſprit du ſel, c'eſt à dire la chair & l'vri-ne s'vniſſent enſemble. La premiere ſeparation du tartre donne l'vrine qui eſt du foye, la ſeconde la greſſe qui eſt de l'eſtomach, la tierce la pier-re, laquelle eſt aux reins, ou à la veſſie. Chaſque hõ-me a l'vrine & la greſſe. mais non pas la pierre.

a le pouuoir de renouueller tout le corps.

Donc le tartre ou superfluité naturelle (laquelle n'est autre chose, que la matiere visqueuse du sel)de tous les corps coagulés,est la mere presque de toutes les maladies : car tous les aliments selon la diuine ordonnance , ont auec leur medecine le venin ou impureté tartreuse; il y a donc quatre genres de tartre,lesquels ont pris leur origine des fruicts des quatre elements qui nous soustiennent; le premier genre prouient de l'vsage des fruicts de la terre,comme legumes,herbes,& autres desquels nous viuons ; le second prouient du poisson & autres que nous prenons dans l'eau; le tiers est tiré de la chair tât des animaux à quatre pieds,que des oiseaux;quant au quatriesme il est attiré du firmamét,à ce dernier l'esprit du vin est grâdemét semblable à cause de sa subtilité ; il est neantmoins d'vne impression tres-forte,sçauoir lors que l'air infecté par les vapeurs de la terre , de l'eau,& du firmament , vient à nous infecter nous mesmes,comme nous remarquons en ces fortes & aiguës maladies astralles,sçauoir pleuresí, peste , prunella,lesquelles sorties des impressions des estoilles , sont viuement chassées par la medecine principalle.

Ces quatre genres de Tartre se manifestent en l'vrine , & sont distinguez par l'art de separation: de là aussi appert de quel genre de tartre la maladie est faicte,donc celuy qui cognoit les aliments , & le regime du malade , cognoit par consequent la maladie , & quiconque cognoit

Paracelse dit que la matiere des maladies , sçauoir le tartre est en deux façons ; le premier est le bolaire, tel qu'ont les laictages , poissons,chairs. Le second est visqueux &bitumineux & nerueux , tels que sôt les excrements des bleds , legumes &racines. La resolution du tartre microcosmique separât le tartre de son aliment est vn grand secret.

gnoit la maladie, peut librement donner asseu-
rence des aliments, & la maladie ne peut estre
guerie que par le mesme aliment duquel elle a
prins son estre, que si Galien auec ses sectateurs
eussent eu la cognoissance des excrements du
boire, & du manger (apellés venin & tartre par
Paracelse) lesquels engendrent la plus grande
partie des maladies du corps humain, ie croy
que la cholere & melancholie n'eussent eu aucun lieu au champ de medecine ; aussi quiconque ne cognoit ce tartre, matiere des maladies,
prouenant des superfluités excrementices du
boire & du manger, il est impossible qu'il puisse sçauoir auec quel milieu le fabricateur des
maladies nous afflige, destruisant la machine
du petit monde, & luy ostant la vie : le tartre
ignoré, on ne peut sçauoir qu'est ce qui peut
dissoudre lesprit de coagulation, & separer le
tartre de sa nourriture, cest à sçauoir nostre
chaleur naturelle, ou la chaleur du soleil & de
la lune du microcosme, par le moyé duquel (à la
façon du fœu qui consomme le bois) ce que
nous mangeons est digeré & reduict en sang,
si ce n'est qu'il soit empesché par le moyen de
la maladie, & debilitation separatiue de la vertu stomachalle, du foye, & des reins, car alors
il le faut conforter par son semblable, c'est à dire par la chaleur du soleil ou de la lune du ma-
rocosme si l'on la peut auoir, sçauoir vne matiere tres simple engendree de Dieu par lesprit du
monde, auec l'esprit de nostre corps, lequel n'est
point different de l'autre, & c'est pour la con-
serua

sans cette re-
solution la
vraye cure des
maladies tar-
treuses cloche
tousiours.

L'esprit vital
en l'homme,
& l'elemen-
taire ne sont
qu'vn esprit.

seruation & restauration de l'humaine nature; que si lon ne peut ceste chaleur du soleil ou lune macrocosmique, il faut tascher dauoir quelque chose, où le soleil & la lune estant en puissance, y ayent esté mis actuellement par quelque artifice, sçauoir conuertis en vn simple esprit, tel que lesprit de nostre vie, faict par resolution & conionction de l'aliment: mais si l'archee de nostre estomach, (separant le pur de l'impur) ou du foye, ou des reins, est infecté, ou que par quelque accident externe leur vertu separatiue est empeschee, alors les excrements demeurent auec le chyle, & outre les maladies des reins & des intestins, se font

Le tartre est different selon les passages des lieux, de la bouche, de l'orifice inferieur de l'estomach, de l'estomach mesme, des intestins, du foye, des reins, de la vessie, de la chair, du sang, & de la moële.

encore les maladies stomachales à l'estomach, les iecorales au foye, les arthritiques à la partie visqueuse, aux nerfs, aux membres, & ioinctures, d'où arriuét la podagre, chyragre, genuagre par le moyen de la congelation de la matiere visqueuse, laquelle se faict auec lesprit du sel, c'est pourquoy le tartre elementaire doit estre dissipé par l'archee de nostre estomach, de peur qu'il ne se face vn semblable tartre en l'hôme: car l'esprit du sel, qui est heros & seigneur de la coagulation en diuers subiects, engendre le calcul tant seulement du tartre, parce qu'il atrape la matiere resoute & separee de l'aliment, & de l'excrement.

Secondement nous auons maintenant des medicaments plus parfaicts qu'au temps passé, comme les mineraux auec leurs deuës preparations & administrations, cogneuës aux enfans

de

de Cadinus, sçauoir les Nigelles, fort exercés en ce faict:& comme l'on dict:à mauuais nœud faut vne mauuaise coignce;c'est pourquoy Paracelse commande de se seruir des remedes violents pour les maladies violentes , parce qu'aux maladies extremes,il faut se seruir des remedes extremes.

En troisiesme lieu,parce qu'en ce temps icy, l'harmonie du grand au petit monde est descouuerte,de façon que l'on sçait quel medicament est propre à chasque membre du corps humain,comme l'argent au cerueau , le saphir au vitriol,& smaragde:au cœur l'or , les perles & le saffran; aux poulmons le soulphre,& ainsi consequemment.

Dauantage,il me semble,qu'il ne se faut pas stomaquer,si Paracelse a refuté Galien,veu que Galien en a bien faict de mesme aux autres, voire Hypocrate a beaucoup escrit de choses lesquelles sont auiourd'huy refutées par les Galenistes mesmes; quiconque se sera treuué aux consultes des professeurs en medecine,au ra bien veu , comme ils sont differents en leur opinion , & principallement pour les maladies particulieres , ignorans les causes & l'ouurier mechanique de la maladie ; comme entre Scheckius & Fuchsius,pour la cause contenante des maladies:Entre Argenterius & Fernelius des fiebures ; Entre Gal. & Rondeletius de la paralysie,Epilepsie, & calcul : entre Fraçancianus,Rondeletius & Falloye du mal de Naples: entre Altomarus & Fernelius de la goutte : &

Tu treuueras de grãdes cõtentions d'opinions chez Agrippa de vanitate scientierum , chap. de medicina.

combien

côbien de milliers se treuue-il encor des nostres auiourd'huy, lesquels se perdent & per-
dront parmy les difficultés des disputes, auant
qu'ils soient d'accord de la cause prochaine &
germaine des maladies: ie passe icy sous silence
les Botaniques, lesquels portés plustost d'ambition que du proffit, se plaisent à disputer de
l'ame des plantes, en fin ce seroit vrayement
perdre le temps de s'amuser à la dinumeration
presque infinie des disputes & contentions
medecinalles: tant seulement i'exhorte les sectateurs d'Hypocrate & de Galien (fondés en
philosophie, experts en la preparation des medicaments, asseurés des inuentions de nos majeurs) qu'ils ne ferment pas la porte à nostre
industrie, croyant que la vertu naturelle n'est
pas encore esteincte en nous, & les erreurs des
autres guidés par leur propre prudence, ou par
les bons aduertissemens, apres auoir recogneu
l'erreur, qu'ils vueillent se remettre & lire at-
tentiuement les escrits de ce nouueau philosophe & medecin, sçauoir Paracelse, en l'estude
duquel il faut imiter les abeilles, lesquelles
cueillent & ramassent leur miel du suc le plus
odorant des fleurs, & separet en mesme temps
le bon du mauuais, pour se seruir seulement de
ce qui leur est vtille & proffitable: Ie ne dis
pas pourtant, qu'il faille tenir pour des ora-
cles euangeliques tout ce qu'il a mis en escrit,
veu mesme qu'il se retracte quelquesfois de
ce quil a dict: car ce faisant, nous res-
semblerions à ceux, lesquels semblent adorer
les

les opinions des philofophes ethniques:toutes-
fois les efcrits de Theophrafte font tels,qu'ils
nous baillent vne grande facillité pour entendre la doctrine d'Hypocrate, & de faict tout le
monde me concedera que ceux là, qui fans iugement ny demy,condamnent Paracelfe,ne fōt
pas tant loüables,pour moy ie croy qu'ils nont
iamais feulement leu vn paragraphe de fes efcrits, que s'ils en ont leu,ie neftime pas qu'ils
les ayent entendus.Or efcoutés Philofophants
qui vous arreftez à l'efcorce de la philofophie,
fans vous prendre garde au noyau, demandés
à Dieu lefprit d'intelligence,& ne penfés pas
de le pouuoir tirer des liures des philofophes,
ny de Theophafte;toutesfois fes efcrits ont efté
mis au iour par le confeil,& aux defpens du fe-
reniffime & Reuerend Prince Erneftus,Ele-
cteur du fainct Empire, pour le bien & vtilité
du public,non pas fans grande difficulté,ayant
les aduerfaires bandés tout à faict contre, à
caufe qu'ils ne s'acordent pas auec les methodiques. Paracelfe a efcrit d'vn ftile magique &
non pas vulgaire,pour ceux qui font doctes &
experts,qui ont efté inftruits dãs l'efcholle magique,vrays fils de la fapience, & non pas pour
les fophiftiques & alchymiftes affamés de l'or,
la raifon pourquoy il a efcrit en cefte façon,a
efté iufte,parce quil voyoit quelques medecins
& pharmaciens de fon temps, lefquels ne ten-
doient à autre chofe que de le deceuoir par
quelque mauuais poifon: & s'il euft efcrit plus
clairement, ces vulgaires alchymiftes euffent
furmon

surmonté tous les medecins, & euffent profti-
tué l'art au grand detrimēt & iniure de la na-
ture:il a caché fes myfteres fous de diuers &
vulgaires noms ; ceft pourquoy il ne faut pas
prendre fes fimilitudes pour les veritès:car les
fecrets de medecine,c'eft à dire la vertu diuine
cachee,ou parolles magiques de Paracelfe font
entenduës de bien peu de gens : doncques ils
demandent ce grand nageur Delius , & vn efprit magique,c'eft à dire le pur œil de l'entendement,qui puiffe bien comprendre leurs fen-
tences, & fouiller au profond des myfteres les
plus cachés & difficiles ; lors que ie parle de
magie,ientéds toufiours vne magie licite (non
pas la prophane & infame diabolique, digne
du fœu , fuiuie par des efprits perdus portée
d'vne curiofité autant pernicieufe que dange-
reufe) & la confommation abfoluē de la noble philofophie, laquelle a couftume de perfectionner en nous la fcience des œuures de
Dieu , & la pleniere notice de la nature ; par
l'obferuation de la fimpathie & antipathie des
chofes,apliquant l'agent au patient ; d'ou s'enfuiuent des effects , qui furpaffent le commun
entendement.Ceux qui liront Paracelfe,fe pré-
dront garde,qu'à l'imitaiion du grād Hypocrate,il a cōioinct enfemble l'exercice de la medecine phifique & chyrurgique: car il conftitue
deux medecines , fçauoir la phyfique, laquelle
eft la cognoiffāce de toutes maladies,& la chyrurgique laquelle eft la cure dicelles;où (à la fa-
çō des charpétiers)il faut operer manuellemēt:
toutesfois il eft fort difficile , que l'vne puiffe
eftre

estre sans l'autre, si ce n'est au grand dommage
& peril des malades, c'est pourquoy il est necessaire que tout Chirurgien soit bon Physicien,
comme au contraire l'espoux entier doit estre à
l'entiere espouse : d'ailleurs il est expedient de
faire choix des medicaments , & que les Medecins ne permettent à autre qu'à eux mesmes la
preparation & composition d'iceux. Et de faict,
celuy-là est vray Medecin , lequel ayant parfaictement recogneu ses medicamens ne les prepa-
re pas par raison, comme font ordinairement les
Medecins rationels , ains employe sa main pour
les preparer, repurger, & separer de leurs impuretez & venins, les reduisant soy-mesme à leur
pure simplicité, sans se fier à l'impertinence d'vn
cuisinier ignorant : Car le bon est meslé auec le
mauuais ; si bien que l'on ne peut pas dire que
le sucre soit sans grande impureté, ny le miel
sans quelque amer venin : Mais apres que le sage
Medecin a fidellemét preparé ses medicaments,il
ne craint point de les appliquer, & exhiber pour
les necessitez humaines, afin que la semence des
maladies soit arrachee, & les malades secourus
en leurs necessitez. Doncques, le vray Medecin
doit sçauoir la Practique , & Theorie ; parce que
l'vne est tout à faict sterile sans l'autre. Si que
la Medecine s'aprend par le trauail manuel, &
par l'operation ; Practique, parce que de iour en
iour le feu monstre de nouueaux & tres-suaues
remedes , desquels la Nature faict present à ses
œconomes, les ayant tousiours mieux repurgez
de leur superfluitez. Mais, que ferons-nous ? les
grands Docteurs de nostre temps , qui ont desia

L

consommé leur aage en la Medecine, ne se veulent pas aduoüer apprentifs & disciples, ayans honte de commencer à foüir la terre. C'est la verité qu'il y a aussi grande difficulté de replanter vn arbre desia vieux, que d'accoustumer vn vieux chien à l'attache & à la chasse, de mesme ces Messieurs ayment mieux à veuë d'œil contredire à la verité, & japper contre icelle en façon de vrais chiens, que d'amender leurs erreurs auec vn peu de peine : leur excuse n'est autre, sinon qu'ils ne veulent pas qu'il soit dict qu'ils n'ayent esté assez doctes, ou qu'ils ayent apprins d'autruy. : Et combien qu'ils crient à haute voix que les Chymiques ne sont pas Medecins, quoy qu'ils soient bien versez en la Medecine, & qu'ils n'ignorent pas les remedes propres à chaque maladie. Mais ie vous prie, voyons ces Medecins rationels aupres d'vn malade, ils sont le plus souuent si estonnez, qu'ils ne sçauent que dire ny que faire ; & parce qu'ils n'ont aprins la preparation des medicaments qu'en parolles, ils se contentent d'estre tant seulement flatteurs, & non pas curateurs du mal ; toutesfois, ie ne me veux pas icy rendre protecteur de ceux, qui rejettant les escrits d'Hypocrate & des anciens, font trophee d'estre disciples de Paracelse, & n'entendent pas seulement le sens de sa theorie, ce qui me fait à croire qu'ils ne font iamais rien qui vaille : il y a encor quelques Pseudo-Theophrasticiens, lesquels par leur auarice & temerité, prophanent ceste diuine Medecine (contraincte de seruir de charruë auiourd'huy à plusieurs personnes) & n'ont point de crainte de se rendre

Ayant perdu leurs receptes ils ont perdu toute leur fortune, & sciéce: L'experience sans sa mere, la Philosophie est incertaine.

effrontez

effrontez pour deceuoir le monde, se jactans d'a-
uoir en main les secrets de Paracelse, (quoy qu'ils
soient autant ignorants en la Medecine Philosophique qu'en la vulgaire :) prennent auec-leurs
salles mains la Medecine, & confits de quelque
experience qu'ils peuuent auoir, entreprennent
à guerir à l'instant toute sorte de maladies : voire
ils n'ont pas seulement encor aprins à ietter le
bois bien à propos dans le fourneau, qu'ils ha-
zardent la cure des grâdes & griefues maladies :
& lors que par leur auarice, ou jactance Thraso-
nique se vantent de pouuoir guerir toute sorte
de maladies, ils n'ont point d'honte de mentir
audacieusement, & ayant tiré grande somme de
deniers, ils paissent les pauures malades auec des
promesses autant vaines que menteuses, & sous
la fauce apparence d'vne future santé, laissent le
plus souuēt les malades & les maladies dans vne
biere : & combien que nous voyons en des grandes & difficilles maladies, ausquelles toutes les
subtilitez des sens sont engourdies, que tous les
remedes, tāt des Grecs que des Arabes sont vains;
voire que tous les indices & analogismes deses-
perez, donnent lieu à l'absurdité des remedes
d'vne vieillotte & d'vn empirique, au desaduan-
tage des Medecins, & que plusieurs Galenistes
soient confondus par des charlatans en vne infinité de maladies : Toutesfois, iamais homme sage
n'a approuué l'incertitude de leur impie medecine, laquelle ne s'exhibe qu'au danger du patient. Mais afin qu'à l'aduenir on puisse aller au
deuant de ce mal, & que l'iniuste note d'infamie
soit effacee des Medecins, à cause de la procla-

Telles gens
apprenent au
danger des
hommes, &
font leurs ex-
periences en
tuant ; voire
ils gagnent
l'argent par
leur ignorāce.

En vne Cité
n'y a plus grā-
de troupe
que de Mede-
cins.
Il faut fuir
l'oisiueté par-
ce qu'elle est
la cuue de Sa-

than, la mere des fables, & la marastre des vertus.

Il faut tousjours trauailler pour le proffit du prochain, cõmençant bellemẽt du plus petit, & s'aduãçant en apres au plus grand.

En ce mespris des sciences on perd le bien, & l'on choisit le mal.

Le plus grãd forcement de la Medecine est la foy ferme en Dieu, & l'amour du prochain, au deffaut duquel tout l'art est deffaillant.

Paracelse ne veut pas qu'on rende obscure la Medecine.

mation d'incertitude de leur art : les estudians en Medecine, qui sont desia faicts & sacrez ministres & Prestres des Muses, & qui ont conjoinct leur Muse auec leur nature, exempts des racines de l'enuie (ausquels semble que les Dieux vendent toutes choses) & qui postposent l'oisiueté au labeur & trauail, parce que la Theorie de la Medecine Paracelsique est encor tellement embroüillee & enuelopee d'obscuritez, que ayans negligé la noirceur des mains, & les remedes, & preparatiós de Paracelse, & autres Chymiques, ils aymét mieux emprúter d'Hypocrate & autres recéts, que de se seruir de la seurté de leur methode & inuention ; ce n'est pas à dire qu'il ne puissent coübiner par ceste voye sans aucune contradiction les deux Escolles de Medecine, sçauoir la noüuelle & l'ancienne ; veu que cela se peut sans aucun scandale : quoy que l'ancienne aye esté renduë de mauuaise odeur, par la damnable coustume de nostre temps ; ce neantmoins, c'est celle-là par laquelle l'on peut indifferemment repudier le bien & le mal : Daduantage, il faut prendre garde que le Medecin est vrayement la main de Dieu, lors qu'il exhibe ses medicaments auec consciencie, apres auoir renoncé à toute sorte de superbe par la fermeté de la crainte de Dieu, & par l'amour & charité qu'il a enuers son prochain malade. Mais au cõtraire, s'il est meschant & de mauuaise vie, il ne sert que de malheur & poison au patient ; jaçoit que la meilleure partie des medecins fraudant nostre vie par des biens estrangers, soit jalouse (à cause de son enuie desordoanee) de communiquer aux hommes

hommes la medecine auec ſes preparations, craignant que par ceſte communication, qu'ils appellent entre eux prophanation, ils ne perdent
vne partie de leur lucre. Mais à propos de prophanation, eſcoutons le commun peuple, lequel
eſt ſi ſot, de dire que ſi l'on communique quelque ſecret à vn autre, le ſecret n'a plus de force
chez celuy qui l'a communiqué:Sans doubre c'eſt
vne aſtuce de ces Medecins enuieux, leſquels ne
veulent pas dire leurs ſecrets,faiſant routes leurs
preparations en cachette ; toutesfois, telle ſorte
de gens beant apres le lucre, m'auront en mei-
leur eſtime s'il leur plaiſt, & apres qu'ils auront
bien penſé & peſé, que tous ne ſont pas appellez
de Dieu,& de la Nature à la Medecine,ceſſeront
de murmurer contre moy,donnant trefues à leur
ordinaires imprecations.Apellez à la Medecine,
i'entens à ceſte Medecine requiſe ſelon l'art methodique, & ordonnee auec la maniere d'appliquer les doſes conuenables ſelon les corps : car,
vne ſelle n'eſt pas propre à toute ſorte de che-
uaux ; & vn malade ne peut pas manier l'eſpee,
comme faict vn Capitaine exercé en l'art mili-
taire.Et afin que ie laiſſe à part le reſte des perfections & circonſtances requiſes au docte Medecin, ie me contente de dire, qu'il ne peut legitimement appliquer & adminiſtrer le meſme remede auec la meſme doſe à tous les malades.
Quant au propre & vray office du ſyncere & expert Medecin (lequel inſtruict pieuſement &
religieuſement, ſuit les veſtiges de la venerable
antiquité, adiouſtant touſiours les benedictions
des Hermetiques, afin qu'on ne croye pas que la

Toutes per-
ſonnes ne ſont
pas propres à
la Medecine,
auſſi le don de
Medecine n'a
pas eſté deſli-
uré à rout le
mõde:& quoy
que routes les
experiences
ſoient des
ſecrets, rou-
tesfois les
ignorãs ne
ſçauent pas la
doſe & vraye
ſuffiſance en
laquelle con-
ſiſte la force
de la Medeci-
ne : car ſi le
Saffrã,& The-
riaque ſont
dõnés en trop
grande abon-
dance, ils ſe
rendẽt venin,
& ſi l'on en
donne moins,
demeurẽt ſans
nul effect, &
par ainſi il eſt
neceſſaire que

le Medecin
seul sçache
son experiéce.
Chap. 3. sect.
17.1.
Corinth. 10.
sect. 31.

moindre chose se puisse faire sans l'assistance de Dieu) c'est de suiure la coustume plus loüable, sans s'essloignet aucunemét de la pieté & Iustice. Et quiconque des hommes, ayant laissé la benediction veut exercer l'estat dequelque creature, il est croyable qu'il l'a desrobee & vsurpee de Dieu, & la tient de luy comme en depost : mais nous qui professons le Christ, deuons tousiours offrir au nom de IESVS, comme le Docteur des Gentils commande aux Coloss. disant, Tout ce que vous ferez, soit en effect, ou en parole, faictes que cela soit au nom de IESVS-CHRIST, luy rendant graces, & au Pere par sa mediation. Doncques il faut imperrer la benedictió de Dieu par prieres : escoutons nostre Seigneur mesme, qui dict : *Inuoque moy au iour de ta tribulation, & ie t'en retireray, afin que tu me glorifies.* Doncques auant toute medecine, il faut inuoquer & prier nostre souuerain Createur, que la medecine qu'il luy a pleu ordonner (comme moyen) puisse des effects autant diuins que salutaires, afin que son Nom soit d'autant plus glorifié : En second lieu, apres que nous auons receu nostre santé tant desiree, il se faut souuenir de rendre action de graces à la diuine Majesté, pour le benefice qu'on a receu du Ciel, & pour euiter l'ire de Dieu, laquelle panche tousiours dessus la teste des ingrats : Ces deux poincts ont esté obmis presque de tous les Medecins : voila pourquoy leur est arriué vne si grande quantité d'infortunes, lesquelles ont par apres esté rejettées dessus l'art.

Il faut encor remarquer, que jaçoit que le Catharctique par exemple, opere aussi bien au mauuais,

uais qu'au bon (ce que Dieu permet, pour monſtrer & faire d'aduantage reluire ſa Miſericorde)
touteſfois la fin en eſt diuerſe, dautant qu'au bon
elle eſt ſalutaire, & au contraire au mauuais &
impie, elle eſt nuiſible : car le medicament prins
ſans l'imploration de la grace diuine, arreſte pour
quelque temps la maladie du mauuais, mais il
n'y perd que l'atteſte, car vne plus griefue & plus
dangereuſe maladie le ſuit incontinent en queuë:
Qu'on ſe donne encor garde en ce lieu, que
ſouuent le malade ne guerit pas, quoy qu'on vſe
des medicaments les plus conuenables & meilleurs pour ſa maladie, & c'eſt pour les huiċt rai-
ſons ſuiuantes.

La premiere eſt, que nous ne pouuons paſſer
le decret du terme de noſtre vie, non pas meſme
quand nous employerions les plus ſubtils eſprits
du monde : car il n'y a aucun remede qui nous
puiſſe deſliurer de la mort, puis qu'elle nous eſt
acquiſe par le moyen du peché : touteſfois, il y
a vne choſe laquelle oſte la corruption, renouuelle la ieuneſſe, & prolonge la briefueté de la
vie, comme nous auons veu arriuer à quelques
ſaincts Patriarches : & combien que la vie puiſſe
eſtre allongee & abregee (comme nous dirons
cy apres) neantmoins il faut à la fin mourir, eſtant
le decret de la Loy diuine tel, qu'il faut ſentir la
rigueur de la mort, comme eſtant la peine deuë
au peché, outre que la conjonċtion des choſes
diuerſes traine neceſſairemét la diſſolution auec
ſoy, autrement il faudroit conſtituer vne retro-
gradation des aages, comme a faiċt Platon, & en
tel cas l'vſage de la Medecine en general ſeroit

Siracid. chap. 39. ſeċt. 30.

Paracel. au liure de la reſ-ſuſcitatiō des choſes natu-relles, fol. 2. 5.

La cauſe de la mort eſt l'ennemy do-meſtique que nous portōs auec nous.
La maledi-ċtion eſt oſtée des creatures par la mort, Sir. chap. 10. ſeċt. 11. ch. 14. ſeċt. 18. ch. 41. ſeċt. 5.

vain & fans nulle valeur. Parce que le mariage
de la vie auec la mort, deftiné à la feparation par
vne immuable neceffité, ne fe peut rendre perpetuel par l'art, ny par la nature : car les loix de
la nature font inuiolables. Donc c'eft en vain de
chercher la vie outre le terme que Dieu nous a
prefcrit, parce que hors d'iceluy, il n'y a ayde ny
fecours qui nous puiffe feruir.

La feconde raifon, n'eft autre que l'impertinence de quelques ignorans Medecins, lefquels
par le moyen de la malignité de leurs medicaments ont reduit le malade en tel poinct, que l'v-
fage des bons medicaments ne fçauroit remettre
ny reftaurer ce qui eft corrompu dans le corps;
& pour l'ordinaire, ceux qui font ces lourdifes,
fe qualifient Chymiques, lefquels fe fouuien-
dront s'il leur plaift du Medecin Trophilus de
Plutarque, affeurant celuy-là eftre vray Medecin,
qui τὰ δυνατὰ ἔξη ἐς τὰ μὴ δυνατὰ δυνάμυ⊙
ἀναγινώσκων peut cognoiftre le poffible & l'impoffible : & de faict, ils ne fe glorifieront iamais
de l'excellence de leurs remedes à leur defaduantage, ἐ ρ μεταγοεῖν, ἀλλὰ προνοεῖν χρὴ ⊤ ἄνδρα
⊤ σοφόν, dautant que le Sage preuoit de loing afin
de ne fe repentir iamais. Qu'ils fe donnent garde
de mefler leur medicaments auec les venins des
autres, de peur qu'on n'attribue la mefchanceté
aux bons, & la bonté & vertu aux mauuais ; c'eft
vn mal'heur deplorable de l'ennie de quelques
Medecins, lefquels auant que permettre & ceder
l'honneur & loüange à vn autre plus expert
qu'eux, pour conferuer leur eftime, ayment
mieux reduire à l'extremité le pauure malade
(gueriffa

(gueriffable neantmoins par les remedes d'vn
autre) c'eft pourquoy le commun peuple lesap-
pelle auec raifon Bourreaux honorables.

La troifiefme eft, parce que le Medecin eft
appellé trop tard, veu qu'il y a de gens qui atten-
dent que la nature aye defia failly, & que la maladie aye gagné le haut bout, & fe foit renduc
maiftreffe du corps ; car il eft affeuré que fi le
Medecin peut femer la femence conuenable, &
en temps deu au champ malade, ayant ofté les
principes des impuretez, moyenant la grace &
benediction de Dieu, le fruict tant attendu de
fanté fera bien toft recouuert.

La quatriefme eft, lors que le malade ne veut
pas obeyr : car il arriue fouuent que le malade
rejette au Medecin ou à la medecine, les fautes
que luy mefme, contre la loy dorée d'Ælianus
Locrenfius, aura commis par fon mauuais regime de viure.

La cinquiefme eft, parce qu'il y a quelques natures ou proprietez en certaines perfonnes, lefquelles ne font aucunement enclines ny idoines
à la fanté, femblables à ces bois que nous voyons,
lefquels à caufe de la multitude des nœuds, ne
fe peuuent iamais bien fendre : fouuentesfois
auffi, le temps auec la mauuaife inclination des
aftres, eft contraire à la fanté : car tout ce qui eft
guery auant le temps, eft fort fubject à recheute :
Doncques il n'y a que la feule heure ou moiffon
du temps, qui puiffe donner vne ferme & affeurée fanté : Nous voyons ordinairement que la
poire en fa parfaicte maturité tombe de fon bon
gré, laquelle autrement ne feroit tombée, quoy

En la cure
il faut auoir
efgard au téps:
car l'hyuert
faict ce que ne
faict pas l'e-
fté, & l'efté ce
que ne faict
pas l'autône.

L   5

qu'on ſe fuſt amuſé à branler & ſecoüer l'arbre:
à raiſon dequoy ces choſes ſuſdictes eſtant negli-
gées tout eſt vain , principallement à la cure des
maladies aſtralles. Outre-ce, il faut que les Medecins ſe donnent garde, qu'il n'y aye plus du danger de leur coſté par le moyen de la medecine,
que de celuy de la maladie, ſe ſouuenât que leur
principal eſtude , doit eſtre de ne nuire point là
où ils ne peuuent aporter aucune gueriſon, & en
ceſte façon ils conſerueront leur conſcience en
pureté , & ſe tiendront ioyeux exempts de toute
ſynadereſe & remords de conſcience.

La ſixieſme, parce que les maladies ont atteint
le terme de leur predeſtination , les loix de Nature ayant deſnié là leur total retour, comme aux
coagulations parfaictes, abſoluës & conſommées,
bitumineuſes , bolares, pierreuſes, & areneuſes:
car en ces maladies ja conſommées , il ne faut
chercher aucun remede, comme il ſe void aux
ſourds & aueugles naturels : car ce que la nature
a vne fois perdu , ne ſe peut reparer par aucune
inuention de medecine, ce qui eſt clair en la ſubſtance du corps mal conformée, & aux parties
genitalles transpoſées , leſquelles on ne peut
rechanger.

Perſonne
ne peut repa-
rer les deffauts
de nature.

Il faut que
le Medecin fa-
ce au pauure
pour l'amour
de Dieu.

La premie-
re vertu du
Medecin eſt la
charité.
Siracid. 38.
ſect. 18. Le Me-
decin & la
medecine ſont
la vraye mi-
ſericord de
Dieu.

La ſeptieſme eſt telle, ne plus ne moins que la
ſordide auarice & tenacité du malade(quoy qu'il
n'y aye argent acquis plus hôneſtement, ny donné plus à contre-cœur qu'au Medecin) rend les
Medecins pareſſeux à leur deuoir, de mêſme auſſi
arriue il ſouuent que l'heſitement, la meſfiance,
& incredulité du malade enuers le diligent Medecin retarde l'effect du medicament, & ſouuent
l'em

l'empefche tout à faict ; Ie ne parle pas de ceux,
lefquels ayant mefprifé l'ordre de Dieu, ne fe
veulent feruir d'aucun remede en leur neceffité,
penfent guerir en difant, Dieu m'a donné le mal,
& me l'oftera s'il veut, c'eft la verité que Dieu
eft le fouuerain Medecin, mais pourtant, il ne
faut pas contreuenir à l'Ordonnance Diuine:
Nous auons deux fortes de medecine, fçauoir,
la vifible creée ; & l'inuifible, qui eft la parole
de Dieu : doncques, celuy qui eft guery par la
medecine, eft guery par la parole de Dieu ; & celuy qui mefprife la parole de Dieu, mefprife auffi
la medecine ; & qui mefprife la medecine, mefprife par confequent la parole de Dieu : car difant, La medecine n'eft rien, il dict qu'il n'y a
point de Dieu. D'aduantage (comme il a defia
efté dict) le malade eftant excité, il prend plus
auidemment la medecine, & auec moins de re-
gret ; à raifon dequoy (puifque la trifteffe eft le
venin de la vie) Hippocrate parle en fes Apho-
rifmes de la confiance du malade enuers le Medecin, & ce qui luy eft donné : car la ferme confiance, & l'efperance affeurée, l'amour, & croyance du malade enuers le Medecin, & la medecine, font vn grand effect pour la fanté, voire
fouuent plus que non pas le Medecin, ny la medecine. La foy naturelle (ie ne parle pas de la
foy de grace enuers Iefus Chrift) engendrée
auec nous en la premiere creation, ou pour plus
clairement parler, l'imagination eft tellement
puiffante, qu'elle excite, & guerit les maladies,
comme nous voyons au temps de pefte, lors
que l'imagination propre par fa crainte & ter-

reur

L'efprit
joyeux, eft vn
conuiue con-
tinuel. Sirac.
ch. 38. fect. 19.
ch. 30. fect. 25.
Le Medecin
auquel l'on fe
fie le plus,
faict plus de
cures que les
autres.
L'imagina-
tion eft sébla-
ble à la poix,
laquelle obeyt
facilement, &
conçoit lege-
rement le feu.
Les eftoilles
font les ver-
ges des aftres.
Paracel. Trat.
de peftilitate.
La volonté
& imaginatió
de l'homme,
font la mere
de la pefte:
c'eft pour-
quoy l'hôme
imaginant la
pefte, peut in-
fecter toute
vne region.

reur engendre le bafilic du ciel,empoifonant le
firmament du microcofme, felon que la foy
du patient aide: la pefte naturelle fe fait firma-
mentale, & furnaturelle , lors que l'Iliaftre, ou
Eueftre du Soleil acharné à la peine à caufe du
peché des hommes, par vne finguliere participation auec l'Eueftre des hommes, infecte , &
chaftie les mortels;(à caufe de fes pechez, comme i'ay defia dict) par l'influence des eftoiles,
bruflant par leur malignité veneneufe, & afpect
finiftre, la mumie, & foulphre du microcofme;
poffedant,& ayant en foy tous les venins du microcofme : fi qu'il ne fe rrruue medecine aucune;tant foit-elle puiffante, laquelle luy puiffe
refifter. En fin,la force de l'efprit fiderique eft fi
grande, & fi puiffante au corps, que tout ce
qu'il s'imagine, ou fonge, eft incontinent eleué
par le corps; ce que nous voyons à ceux qui
marchent la nuict. N'eft-il pas vray qu'il n'y a
rien d'impoffible aux fidelles ? parce que la foy
affeure tout ce qui eft incertain,& Dieu ne peut
eftre vaincu que par la foy : donques celuy qui
croid en Dieu, opere par le moyen de Dieu,
d'autant qu'en Dieu toutes chofes font poffi-
bles; de rechercher comme cela fe fait, il ne fe
peut:car la foy eft l'ouurage, mais l'ouurage de
celuy auquel on croid. Les penfées fuimontent
les operations des aftres, & des elemens : car
quand nous penfons, & adiouftons foy à nos
penfées,alors la foy donne la derniere poliffure
à l'ouurage, & ne fe peut rien faire fans la foy;
d'autant que la foy donne l'imagination, l'imagination donne l'aftre,& l'aftre (à raifon du mariage

riage qu'il a auec l'imagination) donne l'effect,
ou l'ouurage. Adiouſter foy à la medecine, c'eſt
donner l'eſprit à la medicine, l'eſprit donne la
cognoiſſance de la medecine, & la medecine
donne la ſanté: de là s'enſuit que le Medecin
ſort de la foy, & en tant qu'il croid, l'eſprit de la
medecine, ou aſtre naturel l'aduance, & luy
preſte faueur; d'où arriue que ſouuent par la foy
de l'imagination l'homme fait des choſes que
les meilleurs Medecins auec leurs medicamens
ne peuuent faire. Auſſi void-on que ſouuent la
foy, ou perſuaſion gueriſſent plus de perſonnes,
qu'aucune efficace & vertu medecinale exhibée
par l'expert Medecin, comme nous auons veu
faict deſia quelque temps de cette tant renommée Panacée & Anuualdine, & maintenant en
cette nouuelle fontaine medecinale aux fins de
Miſnye & Boheme, deſcouuerte ſeulement cette année, à laquelle aborde vne infinité de malades; on n'en peut donner autre cauſe, que l'excés de la conſtance de celuy qui prend l'eau,
veu que cette puiſſance ne peut eſtre en autre
part, qu'en l'ame de celuy qui prend la medecine, lors qu'ayant quitté toute crainte, & ſiniſtre
imagination, il eſt porté en vn deſir exceſſif de
ſa ſanté: car l'ame raiſonnable excitée & pouſſée
par vne vehemente imagination, ſurmonte la
nature, & par ſes fortes imaginations renouuelle
beaucoup de choſes en ſon propre corps, & enuoye la maladie, ou la ſanté, non ſeulement en
ſon propre corps, ains (qui plus eſt) aux autres
corps. Auſſi void on que celuy qui eſt tombé en
rage par la morſure d'vn chien enragé, forme

des

Le Paracel. de morbis inuiſibilibus, & de l'efficace de la foy naturelle, laquelle par l'aſſiſtance de Dieu, peut naturellement toutes choſes. A raiſon de quoy Damaſ cene : Il faut perſuader & promettre la ſanté au ma- lade, & ne luy faut iamais oſter ſon eſ- perance, quoy qu'il ſoit de- ſeſperé de ſa ſanté.

des figures de chien auec son vrine;ainsi l'enuie d'vne femme enceinte agit aux corps esloignez, quand par oubly elle marque l'enfant qui est dans son ventre, de la chose qu'elle a desiré:par son imagination elle forme l'enfant ne plus ne moins que le potier de terre son pot.La crainte, la frayeur,& l'appetit sont les causes principales d'où sort la fantasie, estimation, & imagination des femmes enceintes : car quand elles commencent à imaginer,alors les astres du firmamét microcosmique, ou astres de l'esprit humain, auec la fantasie, estimation, & imagination, se meuuent de mesme que les astres du firmament macrocosmique,auquel lesdicts astres montent, &descendent à tout moment, iusques à ce que l'impression soit faicte,durant laquelle les astres de l'imagination de la femme enceinte impriment l'influence & impression à l'enfant , tout de mesme que les graueurs de seaux à la matiere qu'ils ont mis dessous. Et par ainsi il est tres-clair que les affections vehementes de l'esprit peuuent causer la mort, comme nous auons leu aux histoires, quoy que cela soit triuial parmy le vulgaire, que les hommes meurent souuent par vne trop grande ioye ,ou tristesse , ou par vne trop vehemente haine,ou amour; comme au contraire il arriue quelques fois qu'ils sont gueris de grandes maladies possedez des mesmes passions ; i'en prens à resmoin Auicenna,lequel asseure que la nature obeït aux pensées, ou aux vehemens desirs de l'ame, & que l'ame estant affectée, le corps l'est aussi. Outre ce, l'efficace de la susdicte foy naturelle s'est manifestée en

cette

Sont les impressions des astres inferieures.

Doncques, Aristote au liure de l'ame a raison de dire, qu'il vaut mieux que le corps soit malade que l'ame,& la parolle est le Medecin de l'ame.

Le corps est corrumpu par les passions de l'ame.

Les passions de l'esprit ressentent les mouuemens du corps.

Cette foy naturelle, ou

cefte femme trauaillée des Hemorrhoides,& au Centurion. L'hôme creé à l'image & femblan- ce de Dieu qui encore fembloit retenir quelque traiᴄ̃t de la maiefté diuine a beaucoup de pou- uoir. Voyre il eft affes manifefte combien de puiffance peut auoir la conftante credulité en l'ame efleuée par le moyen de l'imagination. Car fon pouuoir eft tel qu'il femble pluftoft operer miraculeufement, que felon l'ordre de la nature: mais au contraire le doubte de la foy & mesfiance diffipe non feulement la vertu de l'a me operante, laquelle eft le milieu des deux ex- tremes, voire encore il rend infirme toute aᴄ̃tiõ tant en la vraye religion, qu'en la fuperftition & rend de nulle valeur l'effeᴄt cherché auec des grandes experiences ; cecy foit neantmoins re- marqué diligemment, que noftre Sauueur ne voulu point montrer de miracles aux Caphar- naïtes à caufe qu'ils ne vouloient point croire, fi bien qu'il faut inferer qu'ils luy refiftoient par leur mauuaife foy & peu de croyence. Car ne plus ne moins que l'homme ne peut rien fans Dieu, de mefme auffi Dieu ne veut rien faire fans l'homme qui eft fon organe, fi bien donc que Dieu & la creature agiffent enfemble, & l'vn fans l'autre ne faiᴄt rien; doncques les hom- mes ne doiuent auoir aucune volonté fans Dieu auquel nous fommes, auquel nous viuons, & par le moyen duquel nous auons le mou- uement.

La huiᴄtiefme & derniere c'eft afin que le malade eftant remis en fon premier eftat de con- ualefcence, ne commette de plus grands pechez,

sapience du Createur, dõ- née aux crea- tures creées à fon Image & fêblance; quoy qu'elle puiffe tout, toutes- fois elle doit garder la pro- prieté de l'i- mage.

Toutes cho- fes font poffi- bles à celuy qui croit & veut, & tout eft impoffible à celuy qui eft incredule & ne veut point, comme il pen- fe & imagine par fa foy.

Ainfi faut- il qu'elle fe face, Math. 19. feᴄt. 21. Genef. ch. 30. feᴄt. 25. 26. &c.

La foy a l'in- credulité pour ennemy tres- puiffant : car l'imagination cõioinᴄte à la foy peut tout. Math. 21. Les deftinées font auffi quelque maladies in- curables, ce que nous co- gnoiffons par la denegation du fecours des remedes ex hibez, Mat. 9. feᴄt. 2. Hiob 33. feᴄt. 19.

tant

tant enuers font prochain que contre Dieu. Car
toutes les maladies font des facrifices, appellez
autrement par le iufte Iuge, vengeance ou fleau
pour l'amendement de noftre vie. Cefte pater-
nelle vifite ou Croix doit feruir d'exemple & à
no⁹ & à noftre prochain, afin qu'à l'aduenir nous
aymions & craigniós d'aduantage noftre Souuerain Createur, car Dieu permet fouuét qu'il arriue de grandes & longues maladies aux hómes,
fans lefquelles la fanté de la chair euft caufé vne
grandiffime maladie à l'ame, & l'euft mife au
danger de fa perte & damnation ; car la fanté
fans la remiffion des pechez ne faict rien, veu
qu'elle eft pluftoft vne condamnation ; outre ce
les pechez affoibliffent fort les vertus de l'ame,
fi bien qu'ils la rendent impuiffante au naturel
regime du corps, à raifó dequoy les forces corporelles fe debilitent, & courent au chemin de
la mort. On peut encore dire que par le moyen
de ce ioug, ou purgatoire, fçauoir la maladie:
l'homme eft contenu en fon deuoir (quoy que
bien peu fe vueillent amender par les infirmitez) parce que la licence, & pouuoir de pecher
luy font ofté, defquels il euft abufé s'il fut efté
en pleine fanté.

Le Medecin
cómence lors
que l'ire de
Dieu ceffe,
Hiob. 33. fect.
26.

Quant à ces maladies engendrées par l'ire des
Cieux aufquelles les impreffions des aftres font
refiftance, il ne fe treuue meilleur remede que
de pleurer de bon cœur fes pechez, & tafcher
d'appaifer l'ire de Dieu fe reconciliant auec fon
prochain, & amendant fa vie paffée pour l'amour
du celefte medecin des ames noftre Sauueur,
foufmetant fa volonté au plaifir de Dieu, fuppor-
tant

tant patiemment toutes choses pour l'amour de
l'infinie misericorde de nostre pere celeste. Paracelse les appelle maladies Deales par ce que
c'est Dieu mesme qui les nous enuoye, operant
seul pour les bons & pour les mauuais : mais
comme il ni a point de maladie laquelle n'aye
quelque remede conuenable, soit pour la guerir,
ou pour la soulager, il dit qu'apres auoir tenté la
cure par des medicaments, il faut auoir recours
à la foy, ou à la fin du Purgatoire : quant aux
causes desdictes maladies elles sont incognuës,
c'est pourquoy il faut recourir à la foy & non à
la nature, ne plus ne moins qu'aux maladies Deales, on cure Deifique, il faut auoir esgard au terme predestiné selon la volonté de Dieu.

Cette occul-
te Minerue de
la Philosophie
ou perle vni-
que tres-pre-
cieuse, surpas-
se toute sorte
de valeur.

V I.

De l'Vnique, & tres-grande Medecine des anciens Philosophes.

D'Aduantage quant à ce qui appartient à
ceste grande & vniuerselle Medecine philosophique, afin qu'en qualité d'augmentateur
i'adiouste cecy, on ne treuue point qu'il soit
forti vn plus precieux don de sapience, du thresor inespuisable de la diuinité : ny (ayant excepté l'ame raisonnable laquelle apres Dieu est
la chose plus admirable qui soit au Ciel & en la
terre) plus noble, plus sublime, & plus excellent
que ce grand secret des secrets auquel beaucoup
de merueilles, voire toutes choses sont faictes

M

tant aux planettes de l'astronomie inferieure,
d'esquelles il expulse, & chasse la vilennie &
imperfection par son impression penetratiue,
(car il separe toutes les essences externes soul-
phreuses & terrestres des metaux du corps humain) qu'à la restitution de la santé ia perduë,
par sa vigueur ignealle : mais afin que outre vne
infinité d'vsages, ie passe sous silence l'vsage magique & superceleste, l'influence Gonetique
des rayons du Soleil & de la Lune finie, auec la
quatriesme reuolution sur sa terre natale : il est
doüé absolument de toute puissance creée, ou
influée, tant au monde elementaire qu'au celeste, & superceleste : merueille des merueilles : car
puisque Dieu est admirable en ses œuures, il a
coustume de mettre ses dons merueilleux aux
hommes admirables; ie ne le dis pas sans authorité, car toute l'antiquité, & la verité de ceste
science traduicte de toutes les langues & nations estrangeres me fauorisent sous le consentement de ces grands Docteurs, lesquels ont
vescu auec vne grande admiration & loüange :
d'aduantage outre l'asseurance & expectation
oculaire de plusieurs de nostre siecle, cela ne me
semble pas trop difficile d'asseoir par leur escrits tissus par l'ordre de la verité philosophique, & couuers neantmoins d'vn grand voile
des Hieroglyphes, magiques & mathematiques.
Qui doncques sera celuy-là lequel n'admirera
vn si grand don de Dieu, prix immortel de la
vertu & estude, lequel promet aux Philosophes
vn raieunissement apres auoir quitté la vieillesse
auec vne perpetuelle santé; & sans le detriment

du

Voy la Monade de Iean Dece de Londres, & Rogerius Bachon.

du prochain, vn viure & entretien honneſte non
pas par vſure, fraude, & fauce marchandiſe,
moins encore par l'oppreſſion des pauures,
(comme font auiourd'huy ces gros richards)
ains par le moyen de leur induſtrie & trauail
manuel : c'eſt pourquoy à Dieu ne plaiſe que
negligeant l'exemple des anciens, ie vueille
meſpriſer ces tant amirables merueilles de la diuine Maieſté, ou offuſquer ces tant celebres
vertus de la nature, (car quiconque meſpriſe la
ſcience, meſpriſe auſſi l'Autheur de la ſcience,
ſçauoir Dieu tout-puiſſant) ou qui pis eſt à l'i-
mitation de pluſieurs calomnier, & taxer les ſpe-
culations des hommes, comme oiſiues, vaines, &
procedantes d'vn cerueau mal timbré. Toutesfois ceux-la penſant acquerir du renom aux
deſpens d'autruy, donent des amples teſmoigna-
ges aux doctes, de l'imbecillité de leur eſprit,
& de leur ignorance. Doncques il faut chaſſer
de ceſte diuine table, ces ignorans calomniateurs appellez à bon droict ſots par les Philoſophes. Quelques vns peut-eſtre dreſſeront icy les
oreilles, croyant que fauoriſé de mon propre
eſprit, ie me glorifieray de la preparation de ces
ſecrets, ou (à la façon des philoſophaſtes ſaltim-
banque) bouffy de vaine gloire ie m'attribueray
l'abſoluë cognoiſſance de cet art : mais comme
i'ay cy-deuant promis au lecteur, que ie ne met-
tray en lumiere que ce que i'ay experimenté, ie
ne veux pas mentir en ce lieu, n'eſtant la menterie propre qu'aux impoſteurs & non à ceux de
ma ſorte : car cet art & ſcience ſacrée & diuine des Philoſophes, & non des Sophiſtes, eſt

Ie me veux
icy mettre en
place de Iuge,
& exercer
l'office de la
pierre de tou-
che. Et affin
que ie proffite
plus aux au-
tres qu'à moy
meſme, ie me
veux tenir à la
porte, affin de
monſtrer l'en-
trée à ceux qui
ſont dehors.

mal à propos condemnée & accusée de fauceté par les ignorants : c'est la verité qu'il ny a aucun art tant entre les liberaux, que entre les mechaniques lequel abonde plus en imposteurs que celuy cy, toutesfois il est digne de grande admiration pour les beaux secrets qu'il contient, outre qu'il merite d'estre preferé à tous autres arts, & sciences terrestres par les Medecins, lesquels esclaires par l'esprit de la sapience diuine, se contentent d'vn viure & entretien honneste, & sortable à leur condition (car il est impossible qu'vn indigent sans liberalité puisse philosopher) aussi sont ceux-la lesquels à l'exemple de Salomon prient Dieu non pour auoir des richesses, ains pour auoir la sapience afin que le cabinet de la diuinité leur soit ouuert, moissonât leur beatitude & felicité au Ciel, pour l'amour de celuy qui est le vray distributeur des eternelles richesses. Ce sont ceux-là encore lesquels sont esmeus & poussez à l'amour des secrets de la nature selon la grace & volonté diuine : &

La constance est le cœur de la Sapiēce.

qui par le desir d'acquerir la science, desnuez de la vaine affection du lucre, ne refusent aucun trauail manuel pour l'amour de Dieu, pourueu qu'il soit honneste, & possible sans auoir esgard à la diuturnité : Enfin ils ne desirent que se seruir de ces dons sans malice, ains auec toute humilité & crainte de Dieu, & pour la fin deüe au

Ceux qui portent les thresors en public, & vsent d'iceux, ils desirent de les destruire, Hiob. 22. sect. 25.

maistre de la nature, sçauoir à l'hôneur & loüange du treshaut, & au proffit & vtilité, tant de soy que de son prochain, sans aucun vent de superbe, d'autant que pour l'ordinaire elle ne faict qu'attirer l'enuie de tous les hommes à son possesseur.

sesseur : ces enfans de la Doctrine dorée, (l'or
desquels n'est autre que Dieu tout-puissant) doiuent postposer toutes les autres richesses à ce
bien, veu qu'il n'y a rien au monde qui merite
mieux d'estre recherché que la santé des hommes ; ie diray neantmoins en passant qu'ils ne se
doiuent point mesler de la Prouince Metallique, d'autant qu'elle n'appartient qu'à ces im-
pies fameliques, lesquels poussez d'vn insatiable
desir de deuenir riches passent les iours & nuicts
entieres à tort & à trauers, sans auoir esgard au
peril de leur corps & de leur ame : ceux-là ne
sont pas Philosophes, car il ne faut pas qu'vn
Philosophe soit ambitieux d'autre chose que de
la sapience des choses diuines : c'est pourquoy
iamais le vray Philosophe n'a faict cas des richesses, ains s'est contenté de prendre son plaisir à la recherche des mysteres de la nature, lesquels descouuers il les estime plus qu'vn Royaume, voire plus que tout le monde ; & croit de
posseder legitimement en Dieu toutes choses,
& comme Seigneur du monde commander
(sous la crainte de Dieu) à toutes les creatures :
quant à ceste science, & don de la diuinité, il ne
se peut pas acquerir par ire ny par force, ains par
vne inspiration diuine, ou par vne oculaire de-
monstration d'vn maistre autant sage qu'expert :
il n'y a aucun vray Philosophe lequel ne confesse que la chose se passe comme ie dis. Ie desire neantmoins que tous tant qui sont qui auec
vn iugement dompté & asseuré cherchent ceste
cognoissance par les moyens requis & licites
ayent les astres si fauorables que par la porte du

M   3

Ciel ils puissent entrer dans le Sanctuaire d'Apollon grimpant la montagne chymique conduits sous l'asseurance de quelqu'vn des enfans de ceste science. Car qui sera celuy ie vous prie qui prestera la main à vn autre, si auparauant il ne la recogneu de bon esprit, de bonne vie, craignant Dieu, & doüé d'vne foy Harpocratique & inuiolable? Il est necessaire que celuy qui desire exercer cet art ne se rende iamais seruiteur pecuniaire des autres, ains faut qu'il soit seul & sans compagnon d'autant que l'abondance des amis en ce faict n'apporte que du dommage. Car l'inhabilité chagrineuse d'vn compagnon, sa parole arrogante, son opiniastre incredulité, son enuieuse & detestable infidelité, & son indignité Epicurienne, d'estournent & empeschent l'effect de toutes les operations. Toute la venerable antiquité est d'accord, & asseure que despuis le premier iusques au dernier des hommes ne s'en est peu treuuer encor vn qui aye eu l'inuention de cet art tout diuin de son propre iugement naturel, ou par sa propre raison naturelle, ny mesmes par experience. Car puis qu'il surpasse la raison humaine, ainsi que resmoignent les Autheurs, & ceux lesquels par leurs continuelles veilles & trauaux ont consomme leur aage à la continuelle lecture & recherche d'iceluy, il faut necessairement que l'intelligence vienne d'vn esprit plus qu'humain. C'est doncques de Dieu lequel par son infinie misericorde, & bonté incomprehensible à voulu obliger les hommes de ce don, afin que iamais ils ne s'oubliassent de luy rendre action de graces,

Mais où se treuue il cet oyseau d'Ægypte? & nous loüerons ce Phœnix.
Voy Paracel. en les fragments de Medecine, qui doiuent estre raportez au quatriesme tome, fol. 311.

L'entrée n'est donnée à aucun, si ce n'est par reuelation Diuine, ou par la voix viuante, on doctrine demonstratiue.

Il n'y a aucune perfection des choses que par l'ayde de Dieu, ou demonstratió du Ciel. Siracid. chap. 38.

graces:toutesfois ça esté ceux lesquels conduits
d'vn celeste esprit, se sont volontairement soubs-
mis au ioug de sa volonté, trop contents de pouuoir entendre sa bonté toute puissante, qui l'ayment d'vn cœur purement net, qui le glorifient
en toutes ses œuures, le seruant en saincteté, &
iustice exempts de l'impureté du vice ; qui re-
cognoissent combien la dextre diuine à faict
pour les hommes de bonne volonté : & finale-
ment par ce moyen enflammez d'vn feruent
amour de pieté & de grace ils treuuent celuy
qui est infini en sa misericorde le tres-sainct &
sacré nom duquel soit beny à tout iamais.

Ces choses bien pesées & considerées lon
cessera de s'estonner pourquoy est-ce que entre
tant de miliers, les portes de la nature fermées
au verroüil de la diuinité, n'ont pas quasi esté
ouuertes à vn seul: la raison est, parce que celuy
qui fouille iusques dans le cœur & aux reins des
hommes eslargit ses faueurs à qui luy plaict.
Car cet œuure ne depend pas du pouuoir de
celuy qui le veut, ains du vouloir de la misericorde de Dieu, laquelle a recogneu de toute
eternité, que pour le salut de hommes il n'estoit
pas expedient qu'ils eussent ramassez en vn tas
les honneurs, la santé, & les richesses; & combien
qu'il arriue quelquesfois par hazard que la clef
touche à quelque iardin Philosophique (comme i'ay veu à quelques vns) toutesfois à cause
que la porte est fermée au verroüil, c'est à dire la
grace & misericorde diuine leur est desniée, ils
ne peuuent aucunement ouurir, ny par consequent entrer, pour cueillir des tant desirez ar-

La vraye &
vnique voye
aux secrets, est
celle-cy, c'est
à sçauoir (selō
les preceptes
du Sauueur)
que nous ayōs
recours à Dieu
autheur de
tout bien.

bres Hermetiques, afin d'auoir l'entiere poffeffió
des doux noyaux de ces mysteres tant admirables : ainfi quelques impofteurs de noftre fiecle
ayans le vray leuain Philofophique (preparé
neantmoins par d'autres)à caufe qu'ils l'auoient
acquis par des moyens illicites , & qu'ils ignoroient le principe,n'ont paffé plus outre en leur
multiplication ; car cet folie de croire que cefte
fi faincte fcience introduife tels Thrafons dans
fes cabinets. Cela eft cet ouurage caché fous le
veftement d'vne vierge Philofophique , que le
frere n'a voulu enfeigner à fon frere. C'eft
pourquoy lon perd fon temps de penfer l'auoir
d'vn Philofophe qui l'aura acquis, ny pour fer-
uices ny pour bien vueillance,ny par quelle autre forte d'offices que ce foit : ceft ce fecret caché & enfeuely dans les plus precieux threfors
de l'entendement & de la memoire , fur lequel

Dieu veut
que la fcience
foit manife-
ftée à tous,
afin d'euiter
fcandale.

ont iuré les plus fecrets & fubtils Philofophes,
qui ont laiffé la malediction de Dieu & de tous
les Philofophes à leur nepueux,rudes & mal inftruits en l'art s'ils viennent à le declarer à vn
chafcun,leur fens voiles d'vne obfcure difficulté, n'eftant pas raifonnable de donner les pierres precieufes aux pourceaux. Voire pour le tenir plus fecret, ils n'ont pas feulement voulu qu'il aye efté mis en efcrit, fi bien donc
qu'il faut croire que ceux-la qui ont cefte cognoiffance ne l'ont jamais declarée à perfonne,
fi ce n'eftà quelques perfonnes d'efprits , & encore allegoriquement: car cefte faculté à efté
concedée aux Philofophes afin que (faicts fei-
gneurs de toutes chofes), ils peuffent donner les
noms

doms à leur volonté, & veſtir leurs enfans ſelon leurs fantaſie & iaçoit que les vrais Philoſophes tendās à meſme fin, & cultiuans reciproquemét vn meſme chāp ont touſiours prins garde, cóme il a eſté deſcouuert par la diuine bonté à des grands eſprits, comme à trauers vne glace : touteſfois ils l'ont attribué à Dieu afin qu'il l'inſpirat ſelon ſon bon plaiſir, & le deſniat à ceux qu'il voudroit : Tous ces Philoſophes enſemble aſſeurent neantmoins & iurent ſainement (apres auoir toutes les particularitez deſtituez cependant de la vertu naturelle de teincture, s'ils ne la ſortent de la premiere fontaine) que iamais perſonne n'a peu atteindre la fin deſirée auant qu'auoir conioinct en vn corps le ſang ou graiſſe du Soleil, & la roſée de la Lune, par le moyen de la rouë circulaire des elements miſe en forme Hexagone par le benefice de l'art & de la nature, ce qui n'arriuera iamais, ſi ce n'eſt de la pure volonté de Dieu, lequel ſeul peut conceder ce ſingulier don du Sainct Eſprit, ce prix ineſtimable par ſon infinie miſericorde à quiconque luy plaict : ſi bien que celuy auquel Dieu ne veut deſpartir ſes threſors trauaille en vain & iamais ne r'apportera rien du ieu que de niaiſeries. Car l'eſprit procede de la grace, & inſpire à qui luy plaict : puis donc que tout l'effort des hommes eſt vain, ſi Dieu ne l'aduance (ſi ce n'eſt que par mocquerie de ceſte verité indubitable, lon vueille nier à Dieu la moderation de toutes choſes, s'oppoſant d'vne audacieuſe volonté, & temerité Gigantine au vouloir de ſon Createur, ne ſe ſouciant aucunement de l'indignation de Dieu,

Cela ne ſe croit point, ainſi experimenté auec beaucoup d'ennuis & trauaux, ſe preuue par les experiences qu'on en fait.

Le but de l'affaire eſt que l'or animé par le ſel de nature ſoit faict le principal ſubject de la Medecine metallique des Philoſophes. Lys la Geneſe chap. 1. ſect. 27. & 28. en la table d'Hermes, Lys Morienes, Alanus, Rodargyrus, la monade. Treuiſanus Lulle, au Leuit. ch. 26. ſect. 20.

Les grands perſonnages ſont les grādes fautes. Pſeaume 25. ſect. 14. Sir. 43. ſect. 37. Prouerb. 3. ſect. 32. Sapien. 1. ſect. 4.

à la verité ne me puis asses esmerueiller que plusieurs grands de nostre siecle consomment leur
temps & leur argent aux promesses de quelques
meschants imposteurs, lesquels pour l'ordinaire courent le pays pour attraper la simple credulité des personnes de bonne foy. Quoy deuroit
on pas penser qu'il est impossible de pouuoir
acquerir aucune perfection de ces mysteres sans
les arts liberaux? & souuent tels affronteurs &
Philosophistes n'ont pas seulement gousté la
moindre goutelleté des fontaines de la nature,
se contentans par leur phantastiques & phrene-
tiques inuentions accompagnées d'vne mer de
parolles, par lesquelles ils enrichissent les oreilles de ces personnes trop credules à leurs discours; & afin que ceux-la qui n'ont guiere d'argent leur remettent la petite gibeciére en main,
ils leur promettent monts & merueilles, & ne
font que mentir, sans tenir autres chose à ces
pauures credules, que de nouuelles & plus sub-
tiles inuentions apres les auoir trompez trois
& quatre fois: que si lon me croyoit lon ayme-
roit autant la compagnie de telles gens que la
peine des enfers. Mais le pis est que ces maudi-
ctes ames (incapables de ceste diuine science)
par leurs frauduleuses & malicieuses dealba-
tions, rubefactions, & incrustations ont presque trompé tout le monde; & par ainsi se iouant
de la fable de Pandore, il ne leur est arriué autre
chose que ce que Alphidius auoit predict, car
ayant consommé leur cerueau par le moyen de
la circulation ils ont trouué la couleur pour
teincture, pour la pierre hermetique des caillous
　　　　　　　　　　　　　　　　　　ou du

Ces sophi-
stications ne
tendent à au-
tre fin qu'au
lucre, aussi la
fin de tels vē-
deurs de fu-
mée, n'est que
le feu ou la
cendre.

ou du verre, enfin pour tout leur threfor les cendres & du charbon : or donc qui n'admirera la belle tranfmutation de ces impofteurs ? lefquels changent les fages en fous, les robuftes en infirmes, les riches en pauures, & les pauures en defefperez & fugitifs, les contraignant à la fin de caimander leur propre vie : car ne plus ne moins que l'enuie des Philofophes ne s'eftend pas enuers les enfans de l'art & fcience, s'eftudians non pas pour leur propre gloire, ains pour la gloire de Dieu, & menant vne vie laquelle ne prefche autre chofe que l'honneur & loüange du Ciel la commodité du prochain & le falut de leur ame : de mefme le Philofophe confommé gardien des fecrets de la diuine maiefté, rendu digne d'vn tel ouurage apres qu'il a trauaillé vne vingtaine d'années auec vn fucces autant heureux que proffitable, craignant de commettre vn crime de lefe Maiefté enuers Dieu, aura moins de crainte des tourments tant cruels foient-ils, que de commettre ce grand & tres-ample threfor terreftre, benefice de Dieu procedant du pere de lumiere, du Roy des Roys, Seigneur des Seigneurs, horrible & terrible vengeur des iniuftices, entre les mains des mefchants ennemis iurez des enfans de l'art ; & vrayment il a raifon de le bien conferuer, defpuis qu'il a efté donné à luy feul en garde, car il eft dangereux que le mettant entre les mains de telles gens il ne s'en feruent malicieufement au dommage & defaduantage de tout le monde, car cela eftant, il eft affeuré qu'il merite d'eftre puny par la fainfte Trinité, & par celuy qui ayant efté noftre Saueur

La pieté eft la clef qui dóne l'entrée à tous les fecrets.

Voy les vers de Rodargirius au zodiaque des poifsons contre les facrileges foldats qui veulent entrer dans le Sanftuaire de la Philofophie par force : Ne manifefte ce fecret à aucun homme charnel : car autrement tu feras maudiſt de Dieu pour la manifeftation d'iceluy : Lulle. Celuy qui publie cet art, mourra de malle mort, parce qu'il n'appartient qu'à Dieu feul de donner & reueler les fecrets : car c'eſt luy qui a creé la nature & non autre; auffi ſes reuele-il à qui luy

ueur doit eſtre iuge des viuants & des morts, outre ce il n'ignore point que s'il ne rend bon compte du depoſt & talent qu'il luy à eſté donné entre les mains, il ioue ſont ſalut & met ſon ame en eternelle damnation. Car il faut paroiſtre deuant ce tribunal eſpouuantable de la diuine maieſté : non non il n'y a point d'exception, ceſt hors d'eſperance de pouuoir eſquiuer les yeux de celuy qui voit tout, il faut entendre ceſte terrible & tres-iuſte ſentence definitiue, laquelle ayant abyſme les mauuais, guerdonnera les bons ſelon le bien qu'ils auront faict: ô Dieu ce ſera en ce iour de terreur lors que vous arreſterez leſſieu de l'vn & de l'autre pole, que vous briderez le mouuement des elemens, ce ſera en ce iour que toutes choſes tumberont peſle & meſle, & que la chaleur du centre conioincte auec celle du Soleil, conſommera toutes les corruptions elementaires où toute ſorte de malheurs & impuretez ſeront iettez dans les abyſmes auec les damnez, là où ils bruſleront eternellement ſans ſe conſommer, à la façon d'vn ſoulphre inextinguible, ou d'vn verre lequel ne ſe peut conſommer : comme au contraire ce qui eſt purement vray, ne craindra point le feu du Ciel, ains demeurera comme vne pure eſſence incorruptible & fixe en la terre laquelle alors ſera toute tranſparente & cryſtalline, & à l'imitation d'vne Aigle, ou de la fumée excitée par le feu s'eſleuera en haut, prenant ſon eternel repos auec les bien-heureux : car quand Dieu par pure volonté renouuellera toutes choſes, les rendant cryſtallines, alors les mouuements de la

plaiſt & non à autre, parce que c'eſt le dõ de Dieu, & nõ pas d'aucun mortel. Iob. 34 ſect. 11.
Prou. 24. ſect. 12.
Apoc. 2. ſect. 23. chap. 22. ſect. 12.
Pſa. 5. ſect 10. Ierem. 17. ſect. 10. chap. 32. ſect. 19.
Ezech. 33. ſect. 20.

La conſommation du ſiecle par tout Apoc. 20. ſect. 15.

La mer ſemblable au verre parſemée de feu.

La proprieté du feu eſt de ſeparer l'impureté des elements.

la nature celeste s'arresteroit en eux sãs aucune corruption. Aux Romains 8.fect.19.iufques à la fect.23.Lys Ifacus Holandus *in opere minerali.* A la mienne volonté que les grands de noftre fiecle enrichis de l'or , & argent de leurs fubjects, eflargiffent vn peu de leurs moyens aux pieux, doctes & experimentez en la Chymie, ou pour le moins qu'ils diftribuaffent les trois famil-les de la nature fçauoir des animaux, vegetans, & mineraux, à chafcun de ceux qui ver-ront eftre propres pour icelles en particulier, à fin que par icelles , aufquelles la medecine vniuerfelle eft fondée , les myfteres medicaux fuffent reduicts en leurs trois principes par le moyen du feu. Le conclaue philofophique de quel Prince que ce fuft, remply d'vn fi pre-cieux threfor, difputeroit auec les richeffes du Pactole : car à la façon de l'Aimant il paiftroit, & prouoqueroit les yeux des fpectateurs, à la contemplation des richeffes defcouuertes, & ti-rées des fecrets de la Nature. Mais(ie vous prie) quel contentement auroyent les yeux voyans vne fi rare beauté ? quelle eleuation ne feroit noftre efprit à Dieu, voyant là vne fi grande abondance des vegetans correfpondans à l'Ana-tomie harmonique de noftre corps; defpoüillez de leur efcorce, & rendus en leur principe; en ce lieu icy des animaux , & en autre part des metaux, & mineraux, fçauoir, Diane Triune, & nue diuerfifiée en vne infinité de formes, & couleurs , triple neantmoins en chaque claffe, fçauoir, en la Mercuriale tres-claire, en la foul-phreufe, colorée, & oleagineufe ; & en la faline

La beauté corporelle , ou incorporelle n'eft autre chofe que la fplendeur, ou lumiere du vi-fage de Dieu mis aux cho-fes creees, re-luifant & re-fplendiffant par le moyedes beaux corps, eftonnant tous les amants, ne plus ne moins que l'image de Dieu : car autant que la chofe à en foy de lumiere, autant a elle de diuinite.

tres-

tres-blanche, & resplendissante, laquelle autrement a coustume de se vestir au salle regard
des mortels, & ne veut se mettre en la compagnie des hommes que couuerte : ouurage
à la verité digne d'vn grand Roy, ou Prince.
François premier, Roy de France, grand amateur des Philosophes, & gens de lettre, s'estoit
bien proposé d'en auoir vn de ces trois, s'il ne
fust esté preuenu par la mort, voulant par le
moyen de ce talent plaire à Dieu, en faisant
bien aux pauures indigens. N'est-ce pas vn office d'humanité, & liberalité, voire d'vn vray au-
mosnier, en ce grand hospital de pieté ? œuure
digne d'eternelle memoire ; & par cette voye,
ceux qui marchent en la crainte de Dieu, &
amour du prochain, sans aucun doute le pere
de lumiere (duquel seul il faut impetrer les
dons apres l'amendement de vie, comme estant
la cause principale efficiente, & finale de toutes
les creatures, & operations) remplira leur loüable propos de plus grands, & inesperez bene-
fices, veu qu'il se plait à faire la volonté de ceux
qui le craignent. Et de faict, ce seul chemin
peut estre appellé Royal, parce que non seulement il nous meine aux desirez secrets de la
Nature ; ains encor, qui plus est, au fabricateur
de tout cet vniuers, seul & vnique Ocean de
toute bonté, par lequel ayant compris (moyennant la regeneration.) ce grand sabbat des sab-
bats, c'est à dire, grand Iubilé eternel, pour l'a-
mour duquel nous auons esté creez : moyennant la grace diuine, nous auons attaint le but
que nous visons, la ioüissance duquel nous sera

vn

Les secrets sont reuelez par la lumiere de Dieu, & par la mesme lumiere ce qui est caché se demonstre. Car sans luy on ne peut paruenir à la fin d'aucun bien, ny d'aucune perfection Pseau. 146. sect. 19. Prou. 10. sect. 24.
La confiance en Dieu ne destourne personne de bien faire.
Celuy qui cognoit l'vnité, cognoit aussi la totallité.
Celuy qui aprend beaucoup, n'apréd rien, Sir. chap. 34. sect. 12. 13. 14.
La beatitude consiste en l'apprehésion du souuerain bien.

vn iour autant agreable, que le repos de sa maison au voyageur qui a enduré la fatigue des cailloux, des chaleurs immoderées, des chemins rabouteux, des marefcages glacez, par la rigueur du froid, & autres femblables incommoditez: car celuy qui n'a gouſté le fiel, ne peut pas cognoiſtre la douceur du miel. Sans la Croix, & la mort: on ne ſçauroit faire retour au bien perdu. Seroit-il raiſonnable, que l'homme mortel euſt la iouïſſance de la beatitude eternelle, fans auoir expérimenté le trauail du chemin? Non, non, il faut ſentir la chaleur du feu de tentation, & tribulation, auec l'amertume de la mort; parce que la coronne n'eſt deuë qu'à celuy qui aura eſté victorieux, d'ailleurs la vie eternelle merite bien d'autres plus aſpres combats, que ceux-là.

Mais à fin que ie retourne à cette ſupreme medecine, combien que la fortune aye eſté contraire à mon honneſte ſincerité, & verité, m'ayant conduict iuſques au plus ſecret cabinet de ce Sanctuaire philoſophique, (non pas que mon eſtude fuſt porté de l'ambition de faire d'argent, car ceux qui ſe contentent du peu ſont aſſés riches, ains d'acquerir la vraye medecine par vn iuſte deſir des œuures admirables de Dieu) ie ne ſçay par quel ſiniſtre euenement, ou malheureuſe predeſtination il eſt arriué, que lors que ie m'addonnois plus courageuſement à la recherche de ces ſecrets, l'enuie des meſchans, & les reuers de fortune m'eſtoyent plus infauſtes que iamais: ie croy que la neceſſité du droict requiert (puiſque ie

ne

Dieu eſt le repos immuable auquel toutes les Creatures afpirent de tout leur cœur.

Leuit. chap. 25. ſect. 23.
Tob. 12. ſect. 13.
Sir. 2. ſect. 5.
Sap. 3. ſect. 6.
Prou. 17. ſect. 3.
On ne peut paruenir à la victoire de patience ſans côbattre.

ne puis paſſer plus outre) que ie me conſole du
ſeul ſouuenir de telle choſe, ſçauoir, qu'eſt-ce
que Dieu a cogneu, auquel il l'a cogneu, en quel
temps, & combien il a cogneu; que ſon nom ſoit
glorifié & benit à tout iamais. Helas! ie croy
qu'il m'a deſtourné de ce ſecret philoſophique,
cognoiſſant que peut-eſtre à la fin il m'euſt eſté
dommageable; auſſi ie ne penſe pas que perſonne puiſſe deſirer la miſerable vie de ceux,
auſquels la felicité a quitté la place au malheur,
& qui n'ont rapporté que du dommage de là
où ils attendoyent quelque profit & conten-

Num. chap. 11.
ſeɛt. 33.
Pſ. 78. ſeɛt. 51.
Pſ. 104. 105.
Tob. 12. ſeɛt. 7.

tement, & qui logez au plus haut degré de la
fortune, lors qu'il ſembloit que le ſort ne leur
pouuoit eſtre plus propice, eſtoyent neantmoins
contraints d'appeller la fortune à leur ſecours,
à cauſe des pieges qui leur auoyent eſté dreſſez;
ou bien que pendant le courroux de Dieu ils
auoyent faiɛt acquiſition de ce qui leur fuſt
eſté deſnié en eſtat de grace. Toutesfois puis
qu'il faut que les œuures de Dieu ſoyent chan-
tées, & celebrées, & à fin que nos neueux voyent
par ces eſcrits, que ce bien n'a pas eſté denié aux
hommes de noſtre ſiecle, ie ne puis neantmoins
que ie ne me ſouuienne du benefice que la diuine clemence me conceda en mes peregrinations, en la perſonne d'vn certain Heliocantha-
rus du coſté du Septentrion; où eſtonné long
temps du miracle de nature, arriué par le moyen
de l'art, entre beaucoup & diuerſes metamor-
phoſes de l'Aſtronomie inferieure, (chemin humide aux anciens, non toutesfois rendu encore
à ſa perfection) faiɛtes (comme i'ay deſia diɛt)
en vn

en vn *lieu fort froid* ; là il m'arriua vn prodige le plus admirable qui fe puiffe dire, voire
ie palleray outre, car il furpalloit toute admi-
ration:c'eft qu'ayant exhibé vne feule goutte de
cette liqueur, à laquelle par vn admirable artifice toutes les vertus tant des corps celeftes,
que terreftres,eftoyent inuifiblement ramallées
comme eñ vn grenier, voire à laquelle tout le
monde eftoit aftralement concentré, à vn homme abandonné de tout le monde,preft à rendre
le dernier foufle:Cette goutte (dif-ie) par fa nature ignéale, aftrale,& celefte, inuifible, inftirant
vn rayon de vie au cœur, renouuellan t les or-
ganes de la vie, & reparant la nature ia affoupie
par les accidens qui caufent la maladie ; il fut en
vne nuict remis en fa ferme & entiere fanté:car
cette Royale medecine fait incontinent remettre les corps, de quelle maladie defefperée que
ce foit,auec l'aide de Dieu toutesfois: car il y a
des maladies données de Dieu en punition de
nos fautes, aufquelles il ne faut chercher aucun
remede naturel, car tout ce nouueau monde
regeneré, fait renouueller par fa vertu rege-
neratrice l'ancien, & corruptible, c'eft à dire,
l'homme, reftaurant tout ce qui eft corrompu
au corps, confumant le fuperflu, reparant les
defauts, reduifant en fin, & conferuant tout le
microcofme en fon vray temperament iufques
au dernier terme, qui á éfté prefcrit aux hommes, à caufe de leurs pechez.

Par le mefme efprit du monde, par la mefme
chaleur du Soleil, & de la Lune, auec laquelle
le corps humain eft garanty de toute forte d'in-

*Le Bafilic phi-
lofophique à
la façon de la
foudre brufle
tout inconti-
nent quel me-
tal que ce foit,
& produit in-
continent vne
autre forme:
C'eft dóc auec
raifon que la
recherche d'i-
celuy deuroit
eftre recôman-
dée à tous
ceux qui eftu-
dient en la
Philofophie
Chymique.*

*Contre la
mort n'y a
point d'autre
Medecin que
Iefus-Chrift.*

firmitez , les metaux imparfaicts & impurs font remis en leur vraye fanté, c'eſt à dire, en or, fans aucun nouueau mouuement de generation, & corruption, ains feulement par la feule maniere de l'alteration , & des accidens qui cauſent leur maladie; la raifon eſt, que les metaux ne font pas differens en efpece, mais en accidens.

Nos vulgaires Medecins ignorans ces meta-morphofes Vulcanes, & cette vertu diuine con-iointe à la nature, admirateurs de la Mede-cine Ethnique , pour excufer leur ignorance, tiennent les axiomes des hommes prudens com-me fables, & les tournent en rifée ; toutesfois il ne s'en faut pas eſtonner, car le plus fubtil des efprits (quoy qu'il ne foit offufqué d'aucun des preceptes, & traditions des fots) ne le pourra comprendre, fi cela fe fait pour l'incertitude ia proclamée de fi grands myſteres. Il femblera vn fecret incroyable, lequel à bon droict ne doit eſtre monſtré aux ignorans ; & quoy qu'il n'y aye rien de plus vray, ils ne fçauront que dire, parce qu'ils n'ont iamais entendu parler de la chaleur du Soleil, ny de la Lune, moins encore que par le benefice de la magie mechanique l'element de la terre puiſſe nager deſſus les eaux: auſſi cela n'appartient qu'aux Philofophes, & Medecins , aufquels il eſt neceſſaire, car il ne s'en treuue pas vn feul, lequel fans cette fcience puiſſe arriuer à la cognoiſſance, ou operation d'aucun admirable effect, voire qui puiſſe eſtre certain de fon art; principalement en la cure des infirmitez defefperées de noſtre corps, fçauoir, aux quatre Monarques des maladies ; que font
l'Epi

Cette dou-reufe incredu-lité (parce que peu de gens croyent à la verité de cet art , pluftoſt pour leur lu-cre que pour leur dômage:) toutesfois, puifque on l'a accordé à nos majeurs , ils faut neceſſai-rement qu'ils l'accordêt aux autres par la mefme raifon: car Dieu re-garde ceux qui philofophent vrayement, & les mene en feureté. Exod. 32. fect. 10. Iob 14. fect. 19. Ce n'eſt pas vn acte de Chreſtié, d'at-tribuer plus grande puiſ-fance au Dia-ble qu'à l'inl'Epilepſie, la Podagre, l'Hydropiſie, & la Lepre. Paracelſe enſeigné du ciel, & non du demon, a fort bien guery ces quatre genres de maladies, auſquelles il ne s'eſt point ſeruy de nos vulgaires medecines purgatiues, ains de quelques reſtauratiues, & regeneratiues, auſquelles la nature eſtant renouuellée elle expulſe par apres toutes les impuretez nuiſibles de ſa propre volonté, comme il ſe void à ſon epitaphe de Saliſbourg. Diſons donc, Toutes les infirmitez prouenantes de la corruption des humeurs, pour grandes & graues qu'elles ſoyent, voire iuſques à deſeſperation, ſont gueries par cette medecine vniuerſelle, pourueu que le malade ne ſoit arriué au terme preſcrit du Tout-puiſſant, outre lequel il n'y a point de vie ; ou bien que la maladie ne ſoit enuoyée de Dieu pour punition, & expiation de nos fautes. Mais comme i'ay deſia dict cy deſſus, perſonne ne peut vſurper ce particulier & celeſte don, que celuy auquel gratuitement Dieu l'a voulu conceder : car quand il luy plaiſt il illumine l'obſcurité de ſes myſteres, & au contraire, quand il veut, il en offuſque la clarté ; ſi bien que iamais perſonne ne les entend clairement, ſi au prealable il n'a eſté eſclairé du grand Soleil incomprehenſible, lequel peut faire, s'il veut, vn clair iour de la nuict, & rendre claires les choſes plus obſcures : donc il faut que cette grace là vienne par vne particuliere grace de Dieu. C'eſt pourquoy Lulle, ce diuin & parfaict Philoſophe, conclud à bon droict, qu'il faut qu'il y aye vne concordance ſans aucune contrarieté auec l'artiſan &

nité de la Sapience diuine & de la Toutepuiſſance.

Le vray but & fondement principal des Medecins, eſt parce que la premiere natiuité n'eſt pas proffitable, ains la ſeconde ſeulement.

Dieu, qui eſt la cauſe premiere, à fin que le premier moteur excite comme cauſe principale
l'intelligence, & que par ce moyen le chef-
d'œuure caché de cet art luy ſoit deſcouuert.
Celuy auquel Dieu voudra conceder les dons
de ſa grace, ſera bien-heureux, car il eſt le Seigneur du ciel, qui n'ignore point le cœur des
hommes, & ſçait fort bien en quelle maniere &
façon nous en voudrions vſer ; & cependant
nous voyons que ſouuent les hommes ſont tellement meſcognoiſſans, qu'au lieu de rendre
action de graces, ayant attaint cette Philoſophie, ils payent Dieu d'ingratitude, & le prochain qui n'en peut mais, de pure affronterie.
Il eſt arriué de noſtre ſiecle que deux grands
Philoſophes de diuerſe nation, contre les exe-
crations de la Philoſophie, abuſant des dons de
Dieu, (quoy que chacun ſoit fabricateur de ſa
fortune ſelon la dexterité de ſon eſprit, cauſée
par l'eſprit ſyderique) ils attirerent deſſus leurs
teſtes l'ire celeſte en telle façon, que par vn iuſte
iugement de Dieu, au grand deshonneur de
leur reputation, & contre la proclamation du
vray art philoſophique, ils perdirent tout leur
ſçauoir, & bridés, en cette façon ils perirent
miſerablement, tant pour leur arrogante ſuperbe, & loquacité, leſquelles pour l'ordinaire
trainent leur penitence en queuë, que pour
leurs fraudes, impoſtures, & fraction du ſilence
Harpocratique, en faict de ce qui leur auoit eſté
donné pour ſecret. Les plus anciens Philoſophes
nez ſous vn meilleur aſtre; enfans de l'inuenteur
de la ſcience Hermetique, chez leſquels il n'y
a rien

L'origine du magiſtere philoſophi-que.

Ceux là qui ſe glorifient de la perfectiõ d'autruy, quoy qu'imaginaire ſont autremẽt, & par ainſi perſuadez par leur propre croyance, ils s'empeſchent eux meſme de paſſer ou-tre.

Au premier ſiecle Dieu a manifeſté par la lumiere na turelle.

a rien de plus antique que la verité, ny de plus
odieux que la fausseté, & deception, en la presence desquels les ignorans, & affronteurs ont
eu meilleur compte de se desdire, que de souste-
nir les promesses qu'ils font pour l'ordinaire au
commun peuple; qui ont tasché d'eterniser leur
immaculée memoire, non pas qu'ils ayent voulu
deceuoir les autres, comme quelques trop
credules ont estimé: & de faict, cela n'entra
iamais en l'ame d'vn homme d'honneur: ceux-là
en fin, qui secretaires occultes de la Nature, florissans en la lumiere naturelle qui leur a esté
diuinement concedée, ayant tousiours eu la
raison pour guide: tous ceux-là (dis-ie) lesquels
tendans de toutes leurs forces à la vertu, ont
estimé qu'il n'y auoit rien de plus honorable,
que de se tenir ioyeux auec vn tranquille silence, selon la crainte de Dieu, & amour du prochain. Celle-là est la Philosophie acquise, expli-
quée par Paracelse en la teinture physique; la vie
longue, saine, & sans infirmité iusques à la mort
naturelle, & la sustentation de cette longue vie
en cette vallée de misere, à fin que sans indi-
gence nous puissions seruir Dieu sans dommage du prochain. Mais quoy que plusieurs
ayent auidement recherché cette felicité, toutesfois ils ont creu ne la pouuoir iamais acquerir
par autre moyen, ny art, que par vne admirable,
& occulte complexion de toutes les vertus des
creatures ramassées comme en vn tas, en vn seul
subiect, parce que c'est le vray chemin Royal,
par lequel on peut atteindre cet art philosophique, toutes ses vertus spirituelles, ou qua-

L'industrie de l'art est neceffaire pour fuppleer au defaut de la nature, parce que la nature tend touſiours à la perfection. Prou. 3. ſect. 15.

litez actiues concentrées, & cumulées en vne maſſe par le benefice de l'art, accompagne d'vn eſprit autant clair que ſubtil, outre vne tres-douce & admirable illuſtration d'entendement: car la lumiere de la Nature reſplendit au milieu des plus obſcures tenebres. Ils ont couſtume de communement appeller cette maſſe leur poudre, ou pierre; ce n'eſt encore tout, car ils ont encore acquis comme miraculeuſement, & par le benefice admirable, & legitime vſage de magiſtere, la ſcience de toutes choſes naturelles, accompagnée des celeſtes ſecrets, voire ſelon l'abondance & affluence de toutes choſes, ils ſe ſont encore enrichis du threſor de ſanté. Nos predeceſſeurs Philoſophes, nourris dans l'eſcole du grand Hermes, accouſtumez au ſilence Harpocratique, principalement en faict du ſecret de cet art philoſophique, (aſſeurez du peril, auquel ſe mettent les Zelateurs des arts difficiles, ou Secretaires publics de la nature, car incertains de leur repos ou ſalut ſont cõtraincts de ſe rendre comme vagabonds parmy le monde) toutesfois ils ont accouſtumé d'apporter ceſte raiſon dans leurs eſcrits, ſçauoir que ceſte ſupreſme Medecine preparée auec artifice par la cooperation de la nature maiſtreſſe des ſciences, eſt la vie, & la lumiere viuifiant noſtre baume naturel, c'eſt à dire l'eſprit de la vie, ou vapeur celeſte & inuiſible, l'eſſence de noſtre vie: la qu'inteſſence compoſée des quatre elements; en laquelle tous les elements ſont attachez auec la chaiſne dorée ſans aucune contradiction, actuellement ſelon la puiſſance de la nature, auec tous leurs actes,

A peine d'excommunicatiõ ils n'ont pas oſé parler qu'en peincture ou en parolles enigmatiques, parce que le maiſtre de la Nature leur en auoit oſté le pouuoir, de peur qu'ils ne ſe prouocaſſẽt le danger eux meſmes, & donnaſſent l'entrée au malefice aux autres, Prou. 20. ſect. 14.

actes, concordance, & vraye equation, toutesfois
ces chofes font aggregées en vne fort fubtile
matiere, & forme, & refpectiuement fort proche
de la fimplicité, comme nous voyons à la foudre
& aux yeux du bafilic, comme il appert par experience en la cure des maladies & tranfmutation des metaux. Cette chofe eft de mefme eu
efgard aux quatre qualitez, que l'incorruptibili-
té du Ciel : quant aux quatre elements, le tres-
haut a creé cette quint'efféce, racine de vie, en la
nature pour la conferuation des quatre qualitez
du corps humain, de mefme que le Ciel pour la
conferuation de tout l'vniuers : le feu celefte
qui ne brufle point eft l'ame & la vie de toutes
les creatures, & le fubiect auquel (outre toutes
les forces & operations des elements du firmament, les vertus celeftes tant des Eftoilles fixes
que des planettes, font inuifiblement infufes &
exprimées; parce que l'influence de tous les
corps celeftes, lefquels font particulierement
cómuniquez à vn chafcun des corps terreftres)
eft en ce lieu icy concentrée en ce feul feu
Theatre de tous les fecrets de la lumiere naturelle, miroir des myfteres diuins, miracle de toute la nature vniuerfelle: la quint'effence de cette
vafte machine : tout le monde regeneré, auquel
tout le threfor de la nature eft caché; fubiect &
inftrument de toutes les vertus tant naturelles
que furnaturelles : fils du Soleil & de la Lune,
lequel à acquis toutes les vertus fuperieures &
inferieures par fon afcendant en la terre : habitation de toutes les formes mertalliques, mine-
ralles, & vegetables, fublunaires : voyre le vray

Elle excite le mouuement aux corps & viuifie les elements.

Les eleméts font viuifiez, lors qu'ils font excitez à leurs actes: car la vie naturelle n'eft autre chofe que l'a-cte des ele-ménts.

La vie des chofes natu-relles, eft l'v-nion ideal de la lumiere auec le Ciel & la terre ideales: Par cet art, la no-tice prefque de toutes cho-fes reluit, & par cette pier-re la nature de toutes cho-fes paroift.

La teincture eft la quint'ef-fence du mi-crocofme au premier &

tres parfaict
eftre & ap-
proche, le nô-
 bre vnaire des
Cabaliftes.

Paracelfe
l'appelle Baul-
me parfaict,
perpequel, Ca-
tholicon des
Phyficiens, le
deffenfif de la
vieilleffe, me-
dicament vni-
uerfel, lequel à
la façon du
feu inuifible,
confôme tou-
tes les mala-
dies.

Les anciens
Côfeillers des
chofes, ont
appellé cefte
quint'effence
la moyenne
nature des
ames.

efprit de vie penetrant tous les autres efprits,
qui n'eft point differant de l'efprit de noftre
corps, le lien entre le corps & l'ame, auquel fe
delecte l'efprit fupercelefte, & par lequel il eft
retenu afin qu'il ne forte de la prifon corporelle. Car afin que la paix foit faicte entre ces deux
ennemis l'ame & le corps il faut neceffairement
auoir le baume de vie prins par le dehors, par le
moyen duquel l'interne eft reftauré pour la re-
tention & fuftentation du feu de la longue vie,
fans lequel aliment il fe retire dans le corps, ne
plus ne moins que la flamme de la lampe au
deffaut de l'huile : la matiere tres-fimple engendrée par la puiffance diuine de l'efprit du
monde pour la reftauration & conferuation de
l'humaine nature, incogneuë prefqu'a tous les
Medecins de noftre temps : car elle ne paruient
pas iufques à leur efcolle, d'autant qu'ils font
entrez au temple d'Apollon comme des larrons,
fçauoir par le toict & fe font affis en fon fiege
de la mefme façon que les anciens Scribes &
Pharifiens au fiege de Moyfe : & pendant qu'ils
tiennent en captiuité la clef des fciences ils ne
s'eftudient à autre chofe finon que d'empefcher
les autres (par leur faux axiomes) d'entrer en
l'academie de la nature, les faifant demeurer au
milieu de la carriere par leurs pernicieufes per-
fuafions: tellement que par ce moyen ils n'ar-
riuent iamais à la coignoiffance de la verité con-
trainéts d'ignorer fa demeure : mais parce que,
felon la plus faine opinion des Medecins, la
vraye fource & origine des maladies eft l'enormité de la proportion naturelle des trois principes,

cipes, ou (afin que i'vfe des communs termes
des Medecins) l'immoderation & intempe-
rie des quatre elements, ou des quatre humeurs
defquels le corps humain eft compofé, & par le
moyen defquels il eft malade & fe porte bien:
mais cefte fufdicte Medecine, laquelle en foy eft
la matiere de noftre creation, eft vniforme &
d'vn mefme genre de fubftance, confiftant en
efgalité, l'ame tres fubtile feparée de fes feces
femblable à la fubftance pure & fimple des elements, le cinquiefme eftre ou la quinte vertu de
la plus pure effence des quatre elements, laquelle purifiée, eft incorruptible, femblable aux
Cieux n'admettant aucun maling efprit à caufe
de fes vertus expultrices qui les defchaffent à
l'inftant: & parce qu'elle n'eft aucunement fubiecte à la putrefaction & corruption, elle expulfe toute la corruption accidentelle, inftaurant la
vigueur par tous les membres auec autant de
force que la nature en peut fournir, & donne
par fa reconciliation, la guerifon de toutes les
maladies faictes par l'exaltation des trois principes. Car la fanté de l'homme ne confifte feulement qu'en l'accord & vnion des trois premieres fubftances, lefquelles exaltées & enflammées
par les aftres excitent des grandes guerres inte-
ftines, & parce les trois premieres fubftances des
maladies font volages, elles quitent la place, &
cedent au feu effence des maladies qui a le pouuoir de feparer le pur de fon impureté: d'aduantage cette quinte vertu recollige & met en
paix les elements du corps humain ou pour
mieux dire les humeurs, les reduifant en leur

L'on a la
Medecine
pour prolon-
ger la vie, lors
que les ele-
ments purifiez
font reduits à
leur pure &
efgale fim
plicité, parce
qu'en cefte fa-
çon les ele-
ments font
efgaux : car
l'inefgalité
de l'vn engen-
dre les mala-
dies.

La fanté
confifte au
temperament
du corps.

Que perfon-
ne ne foit
eftonné de ce
que la nature
eft diuerfifiée
en plufieurs

façons à l'exemple du Soleil qui par vn mesme acte faict fondre la cire & endurcit la boüe, cela ne prouient pas quāt à l'agent:mais seulement quant au patient.

vray temperament lors qu'il y a de l'inegallité, corrobore la chaleur naturelle ou humide radical & substantiel, elle conserue l'huile ou petite chaleur en son esgalité par sa vigueur celeste, (car tant que l'humeur radical, baume vital, ou precieux nectar de nostre vie, d'autant que la vertu confortatiue du corps humain, & animal procede de l'esprit de vie, tant dis-je que cet humeur demeure en sa quantité la maladie est insensible) restituant le malade en sa premiere santé & temperament, retient la nature en son estre, & conserue le nectar de nostre vie en vn bon & loüable temperament iusques à la mort (cet à dire au terme que Dieu tout-puissant à donné à l'homme, à cause de sa desobeyssance tant du premier des hommes, que de celle d'vn chascun en particulier) & le tient asseuré contre toute sorte de maladies, auec vn teint frais & gay ressemblant à vne personne en l'aage viril, enfin elle tient l'homme grandement dispos pourueu qu'il en vse conuenablement, apres auoir de bon cœur inuoqué le nom de Dieu, & que la disposition & complexion du corps humain ne soit offencée outre mesure. Doncques en cette quint'essence ou Medecine spirituelle, laquelle est de la nature & chaleur celeste, & non en la nostre mortelle & corruptible, on peut treuuer la vraye fontaine de Medecine, la conseruation de la vie, la restitution de la santé, auec la renouation de la ieunesse ia perduë : & pour parler naturellement en tout le monde l'on ne sçauroit faire rencontre d'vn meilleur Theriaque, ou Medecine balsamique, que de celle-la des

Philo

Philofophes, laquelle eft la fuprefme & derniere confolation du corps humain, comme vn
vray & falutaire elixir,conferuant toutes les acti-
uitez de la nature humaine, & reftaurant les
forces ia diminuées par le deffaut de la nature:
car en tout genre il faut qu'il y aye quelque chofe qui tienne le haut bout, & premier degré felon fon genre,donc ques parce que cette Medecine eft engendrée d'vne matiere incorruptible
& la plus efficace qui foit deffous le Ciel,fçauoir
de l'ame ou efprit du monde, contenant toutes
les vertus tant celeftes que terreftres, elle merite
de tenir le premier rang entre les medecines, &
l'homme vfant d'icelle auec moderation pourra
paruenir à l'aage de nos anciens Peres:des deux
fonteines du Soleil & de la Lune comme tef-
moigne & montre fort doctement Suchtenius,
fort l'efprit mondain,naturel & vital,changeant
tous les eftres,& donnant la vie & confiftence à
tous les hommes, par lequel (comme mediateur) toutes les proprietez occultes, toutes les
vertus & vies font dilatées,tant aux herbes,me-
taux,pierres,& mineraux,que autres corps inferieurs: fi bien qu'il ne fe treuue rien icy bas qui
n'aye quelque eftincelle de cet efprit. Auffi cet
efprit celefte eft de mefme auec noftre efprit
naturel, lors qu'il eft dans noftre corps en fon
eftre naturel fans aucune diminution, ou em-
pefchement des chofes externes, cette noftre
chaleur naturelle eft cela par le moyen duquel
toute chofe eft digerée pour la fuftentation, &
multiplication des indiuidus : d'autant qu'il di-
gere, & change en fubftance la nourriture, ou
aliment

La chaleur naturelle par laquelle toutes chofes font digerées pour la fuftentation & multiplication des indiuidus, eft la chaleur du Soleil & de la Lune.

L'efprit eft la vie & le baulme de toutes chofes naturelles.

La vie de l'homme eft le baulme aftral ou l'impreffion balfamique, le feu celefte & inuifible, l'air enclos,teignât l'efprit du fel.

aliment que l'homme à prins, & engendre le bon sang en tous les membres du corps humain: & tant que le sang demeure pur, l'esprit vital est fort, pur, & sain, & parce moyen tout le corps demeure & s'entretient en santé, que s'il est empesché par la maladie de faire ses fonctions, il s'ensuit vne mauuaise concoction de l'aliment, & par conséquent vne generation de mauuais sang par laquelle l'esprit du cœur est grandement debilité, d'ou s'ensuit la vieillesse maison de l'oubly, & enfin la fin, consomption & dissipation d'esprit qui n'est autre chose que la mort naturelle : mais afin que la consomption & dissipation dudict esprit soit euitée il faut (entant qu'il est possible) augmenter & conforter ledict esprit ou chaleur naturelle par le moyen duquel le corps puisse mieux exercer ses fonctions.

Mais puisque tout agent qui commence d'agir, n'agit pas en son commencement à vn plus petit que soy, ains à vn qui luy est pareil, & semblable. Aussi cette confortation doit estre faicte par son semblable, sçauoir, par cette chaleur celeste du Soleil, de la Lune, & des autres planettes; ou auec les choses, ausquelles la chaleur du Soleil, & de la Lune est plus abondante, & moins pressée par la matiere : car ces choses agissent plustost, & mieux, & engendrent plus vistement leur semblable; voire ce qui est plus facile par ceux-cy, l'esprit, ou feu celeste en est tiré, les proprietez duquel sont de ne brusler point, comme l'elementaire; rendant toutes choses fecondes; d'estre la lumiere qui donne

L'esprit du monde, ou l'esprit celeste, & le naturel de nostre corps sont vn mesme esprit: Donecques, la chaleur du Soleil & de la Lune, engendrée par le coup de cet esprit est vne chose plus cuitte, & par conséquent plus parfaite

la

la vie à tout. Les proprietez du feu elementaire
font, la chaleur ardente, confommant toutes
chofes ; & l'obfcurité, rempliffant tout de fteri-
lité.

De ce lieu donques eft exclus celuy-cy, &
auec luy toutes chofes diuerfes, ou contraires,
comme font les inferieures elementées: car auec
elles, toutes les autres qui contiennent en foy
vne naturelle compofition, font fubiectes à la
corruption, d'autant qu'elles ne font pas encor
feparées de l'impureté, dans laquelle elles ont
efté plongées. Donques les medicamens con-
feruatifs, & de longue durée, doiuent eftre
eflongnez de la corruption: car puifque le corps
humain doit eftre empefché de la corruption,
il faut en premier lieu qu'il foit de durée, autrement ils fe corrompent pluftoft que fe conferuer. J'adioufte plus, car il feroit grandement
vain de penfer conferuer le corps auec quelque
pourriture, & corruption, guerir l'infirme par
l'infirmité mefme, ou former quelque chofe par
le moyen d'vne autre qui feroit fubiecte à la
difformité : car tout ce qui eft corruptible, infirme, & debile, adioufté auec fon femblable,
augmente d'aduantage la corruptibilité; comme
nous voyons arriuer à plufieurs de ces Medecins, lefquels ne fçauroyent deftiurer vn homme
de maladie auec leurs medicamens craffes, &
impurs, en cecy auffi eft requis d'auoir vne plus
haute fpeculation : car puifque les maladies ne
font pas corporelles, ains fpirituelles, à raifon
qu'elles font cachées aux efprits, elles demandent par confequent des medicamens fpirituels.

Vn fembla-
ble mis auec
fon femblable,
le faict plus
femblable.

Que

L'esprit vital en l'hôme, est de mesme auec l'elementaire.

La chaleur & humidité naturelle du microcosme, sont sustentées par la chaleur & humeur du Soleil & de la Lune du macrocosme, ne plus ne moins que nostre esprit celeste & naturel.

Paracel. la teinture mondifie le baulme en telle façó, que l'enfant ressent l'effect de la santé, iusques à la dixiesme generation.

Les humeurs de la vie nourrissent les esprits vitaux, chez Paracel. au cinquiesme tome de ses fragments, fol. 162.

Cessez donc à l'aduenir de plus caloniër Paracelse, de ce qu'il promettoit de prolonger la vie aux autres, & qu'il n'a pas atteint l'aage destiné pour luy.

Que si l'on veut conseruer cet esprit vital aux ieunes gens, (lequel n'est autre chose que l'humide, & chaleur naturelle, ou radical, ayant son siege au milieu du cœur de l'homme, comme vray soustien de nostre vie) ou le restaurer aux vieux languissans, & les remettre comme en ieunesse, quant aux forces ; & par ce moyen ramener la vie de l'homme au feste de la santé : il ne faut pas auoir recours à la chaleur elementaire, ains à cette chaleur celeste du Soleil, & de la Lune, demeurant en vne substance incorruptible (laquelle neantmoins peut estre treuuée en ce globe inferieur.) & la rendre semblable à nostre chaleur naturelle, ou esprit naturel; ce qui se fait lors qu'elle est preparée en medecine, ou breuuage tres-suaue, lequel aye le pouuoir de penetrer par tout le corps, si tost qu'il est prins par la bouche, tenant toute la chair incorruptible, nourrissant la vertu & esprit de vie, digerant tout ce qui est crud, coupant tout l'excés des qualitez, faisant abonder l'humide naturel, confortant, enflammant, & augmentant la chaleur naturelle : & celuy-cy est l'office d'vn vray & sage Medecin, car par ce moyen il pourra conseruer nostre corps sans corruption, retarder la vieillesse, retenir la vigueur de ieunesse iusques à la mort, voire (s'il n'estoit le decret) le conseruer en vne eternelle santé. Paracelse appelle l'element du feu, grand secret, parce qu'à la façon du Soleil terrestre, ou firmament inferieur, il est propre pour oster toute sorte de maladies, & rechauffer les membres ia froids : car ce feu-là essentiel opere au

corps

corps ne plus ne moins que la flamme, ou ortie hors du corps, duquel aussi l'intention a esté telle, (à fin qu'il soit exempt de calomnie en ce lieu icy) lors qu'il agit des vertus vitales de ce feu parfaict, que le baume naturel fust restauré, la mumie Balsamite confortée, le corps, ou liqueur vitale, l'humeur radical, ou esprit de vie conservé comme incorruptible iusques au dernier souffle sans douleur, ny maladie : ce qu'il a experimenté en soy-mesme, lors que ses ennemis taschoyent par tous moyens de l'empoisonner, (toutesfois ayant esté deceu par le mesme venin, à peine paruint-il au terme naturel de sa vie.) Il y en a beaucoup, lesquels malicieusement veulent dire, que par le moyen de cette medecine il se vouloit rendre immortel en cette miserable vallée, auec quelques autres Philosophes, qui iamais ne penserent en telles réueries, sçachans bien que nous ne sommes en ce monde que comme pelerins, & estrangers. Dieu est le centre de toutes les creatures, duquel tant plus nous nous approchons, tant plus nous sommes heureux, & moins muables ; & tant plus nous nous esloignons de ce centre, c'est à dire, de l'immuable volonté de Dieu, tant plus nous nous approchons de la circonference, varieté, & pluralité des creatures, nous rendans plus malheureux, & imparfaicts : aussi la beatitude est en l'vnité, & non pas en la circonference ; en Iesus-Christ, & non au monde, nous treuuons la paix & le repos des ames. Donques celuy qui ayant mis en oubly toutes les choses, sensibles, & temporelles, pour amour de la

divine

On côtrouue plusieurs choses semblables côtre Paracel. & l'on le reprend malicieusement de chose à laquelle il n'a iamais songé.

Il faut voir Dieu à trauers les murailles de Paradis ou Horizon d'eternité, parce qu'il est le vray lieu des contemplatifs.

Celuy qui demeure au côtre vny auec Dieu, il ressemble à Dieu & aux Anges, car il n'en uieillit iamais.

Ils s'esleueront en vain contre Paracelse, si (ayant accoustumé de s'esleuer côtre les escorces) ils crient que ceste interpretation est contrainte & tirée de trop loing.

Rom. 6. aux Coloss. 23.

diuine bonté, fera vny auec cet vnique centre, femblera pluftoft rebrouffer chemin à la
ieuneffe, que de courir au fafcheux aage de
vieilleffe : celle-cy eft la vraye longueur de vie
de Paracelfe, & des Cabaliftes, demandée fi
fouuent en fes hymnes, & difcours folitaires,
tant par vœux, que par faincte efperance ; vie
vrayement digne d'vn Enoch. Comme au contraire, celuy qui n'eft point vny à cette fontaine d'vnité, ou vnique vnité, faut neceffairement qu'il periffe eternellement, & que par la
feconde mort foit feparè de la lumiere, & de la
vie, & abyfmé dans les tenebres exterieures
d'enfer, où la plus grande peine eft la priuation
de la veuë de Dieu.

La vraye & folide Philofophie eft de cognoiftre Dieu fabricateur de toutes chofes, & fe
mettre en luy par vn certain effentiel attouche-
ment, lequel nous fait & transforme en Dieu
mefme. Donques l'habitation des Philofophes
parfaicts ia foulez de la terre, eft au ciel; Philofophes, aufquels l'vnité eft toute en tout, & la
totalité vne en l'vnité ; lefquels ne regardent
iamais les chofes terreftres que de l'œil gauche,
ny les celeftes que du dextre : l'efprit d'iceux
(dif-ie) a toufiours efté refpectueux touchant
les chofes celeftes; car ayant laiffé le malheureux
monde par leurs tranquilles & religieufes me-
ditations, & excitez par la faueur diuine de
leurs fepulchres, ils ont peu ouurir les lumieres
du corps par la feparation de l'entendement
d'auec les obftacles terreftres, s'acheminer au
fabbat du cœur, c'eft à dire, à Dieu, & voir toutes

Marginal note:

Le myftere du Mariage de la Diuinité auec les hommes. Par l'approche de ce rayõ ou vraye pierre celefte, toutes les impuretez font purifiées & môdées, & les tenebres de l'ignorance font defchaffées, Siracid. ch. 18. fect. 8. Pfeau. 90. Rom. 8.

Tout ce qui n'eft point Dieu n'eft riẽ, & doit eftre eftimé comme rien.

res chofes par vn fimple & interne regard, &
par vn certain pache auec la diuinité, & con-
templer en la lumiere de Dieu comme au miroir de l'eternité, la beauté du fouuerain bien,
incomprehenfible à toute forte de creatures:
Car noftre cœur eft inquiet, iufques à ce
qu'ayant laiffé ce rien derrier le dos, nous retournions à cet Eftre des eftres, (duquel nous
fommes fortis) comme à noftre but prefix, auquel tendent toutes les creatures: c'eft pourquoy, defpoüillez de toutes les creatures ils fe
laiffent, & fortent totalement d'eux-mefmes,
mefprifant tout ce qui eft corporel, & incorporel; & courent de l'imperfection à l'vnique
perfection, la cognoiffance & contemplation de
laquelle eft le facré & occulte filence; (ce qu'a
fort-bien recogneu ce grand & venerable Hermes, vray prototype de tous les Philofophes naturels, & premier Prophete de fon temps) repos
des fens, & de toutes chofes, auquel apres la fin
de nos miferes, trauaux, & peregrinations, par
vne mefme amitié, tous les efprits reduicts en
vn, qui eft fur tous les efprits, ils s'vniffent en
telle façon, que de tous ils ne font par apres
qu'vn. La proche vifion, & cognoiffance intui-
tiue de Dieu, laquelle arriue encore en ce
monde à l'ame feparée, par la lumiere de grace,
pourueu qu'on fe vueille rendre tout à faict
fubiect à Dieu : en cette façon plufieurs faincts
perfonnages ont goufté le commencement de
la refurrection, & fenty les ioyes celeftes en
cette vie par la vertu de l'efprit Deïfique, fçauoir, en cette mort fpirituelle des Saincts (que

(marginal notes:) Lactance ne met pas tât ce grand Her-mes entre les Philofophes qu'entre les Sybilles, & les Prophetes, & l'appelle vray Orphée.
Toutes cho-fes font veuë, par vn feul re-gard prefen-tiel.
Exod. 33.
Ef. 6.
2. Corinth. 11.
Pfeau. 115.
fect. 15.

O

les Hebrieux appellent baiser de la mort) precieuse en la presence de Dieu ; ie dis, mort, s'il faut appeller mort vne plenitude de vie : il faut neantmoins mourir au monde, à la chair, au sang, & à tout l'homme animal, pour auoir l'entrée de ces cabinets secrets, & du Paradis. Et de faict, l'homme qui vit seulement selon l'ame, vit en Ange, & deuient Ange en quelque façon, & (s'il est permis de dire) il conçoit en quelque façon Dieu, qui est le but auquel tendent les bien-aimez Saincts, & intimes amis de Dieu, viuans selon l'inspiration du Ciel, & non pas selon le limon de la terre, qui n'ont point de crainte de se precipiter de l'amour de Dieu à la fontaine de l'abysme, & dans la mer de leur rien, entrans dans le Sanctuaire par la vie de Iesus Christ, à fin qu'au grand iour du sabbat ils puissent viure en repos, & beatitude auec Dieu, se rassasians eternellement du nectar celeste : car par le moyen de l'ame conioincte auec Dieu par Iesus Christ, nous iouïssons actuellement de l'eternelle felicité.

Mais combien que les paroles que nous auons desia dict touchant la prolongation de la vie, soyent estimées vaines, & procedantes d'vn homme vain ; toutesfois il ne repugne ny à la nature, ny à la raison, que l'homme ne puisse allonger sa vie, outre l'aage commun des autres, & iusques à vn grand temps, en voicy deux raisons : La premiere est, parce qu'il n'y a point de terme certain aux choses naturelles, qui du moins soit constitué, & qui nous determine le iour prefix de la mort : car il est en nostre vo-

L'extension de la vie est possible : c'est pourquoy Porta rejette l'opinion des Genethliaques, lesquels donnent vn temps prefix à la vie. Il asseure que celuy qui se prend garde aux maladies, euitant ce qui est nuisible,

lonté

lonté de nous faire mourir, quand nous vou-
drons, & fans offencer Dieu, de prolonger
noftre vie, fi nous pouuons, ou fçauons. Ie parle
icy philofophiquement de la mort naturelle (laquelle eft feulement la confomption de l'humide, & chaleur naturelle; ce qui eft clair, & facile en vne lampe allumée) & non theologi-
quement de la mort fatale, & dernier terme
prefix de Dieu à vn chacun, auquel nous fommes aftraints, non feulement par la debte de
la Nature, ains encore pour la peine du peché. La mort eft le terme qui ne fe peut, &
non pas le iour, ou l'heure, parce que nous
viuons de la grace de Dieu, le terme fans heure:
car comme Dieu a nombré nos cheueux, de
mefme a-il fupputé nos années, les laiffant toutesfois en noftre puiffance. Et parce qu'il a efté
du plaifir de Dieu, que l'homme vefquift eternellement, on peut librement colliger, qu'il
n'eft pas defplaifant à caufe de l'augmentation
du monde par vn legitime mariage, que les hommes viuent long temps en ce monde, pourueu
que ce foit toufiours en fon feruice, & crainte;
toutesfois on ne peut iamais paffer au delà du
terme predeftiné de la volonté diuine, ou au
dernier poinct deputé, & impofé à nos premiers parens, à caufe du peché originel: & comme l'homme conftitué en beaucoup de façons,
& agité de maladies, ne pouuant pas atteindre le
terme de vie, il abbrege fes iours; de mefme
façon, oftant ces empefchemens, il pourra allonger fa vie, & paruenir par mefme moyen au
terme naturel qui luy aura efté conftitué du

peut viure
plus long
temps.
Paracel. ch. 7.
au labyrinthe
des Medecins.

Voy Parac.
de vitalonga.

O 2

Voy Parac. liu. 8. Archid. des elixirs.

C'eſt la conſeruation du corps humain, contre toute corruption accidentelle.

La mort miniſtre de Dieu, attend noſtre guerre inteſtine.

Il y a deux ſorte de mort, ſçauoir, la mort ſpirituelle, appellée Iliade, & la corporelle, appellée la mort de l'Eſtre.

L'ame de perpetuité, ou eſprit perpetuel de lumiere, conioinct auec la lumiere naturelle, ne permet pas l'abreuiation de ceſte conjonction, ny de la vie.

Ciel. La ſeconde raiſon eſt, que Dieu a creé la ſuſdicte medecine pour la conſeruation de la vie, c'eſt à dire, à fin que par ſon moyen noſtre corps ſoit conſerué tant de la corruption de nos parens, que du propre defaut de noſtre regime; & eſtant malade, guery, & reſtauré, eſtant ia hors d'eſperance: voire chaſſer loing de nous toutes les maladies qui cauſent la mort naturelle, iuſques à ce que la derniere mort, plus terrible que le terrible meſme, arriue, laquelle eſt la deſtruction de la mumie ordonnée du Createur comme pour ſalaire des pechez. C'eſt pourquoy Paracelſe dit que la mort cauſée par reſolution iliade ſe peut empeſcher, pourueu que le Medecin n'eſpargne pas ſon induſtrie; mais celle qui eſt cauſée de l'eſtre, ne ſe peut aucunement. Mais ne plus ne moins que nous pouuons conſeruer vn feu par le moyen du bois, de meſme auſſi noſtre vie ſe peut conſeruer, ſe ſeruant des remedes, & ſecrets tirez de la fonteine des dons de Dieu, par leſquels l'humide radical, & la chaleur naturelle, ſont conſeruez ne plus ne moins que le feu par le bois. Mais nous auons du moins ce defaut, c'eſt que denuez nous ne cognoiſſons pas le bois de la ſapience, par lequel il faudroit fomenter, & prolonger noſtre vie: Noſtre premier pere Adam plein de ſcience, & parfaicte cognoiſſance des choſes naturelles, & pluſieurs de ſon temps, qui viuoyent beaucoup plus que nous, n'ont pas attaint leur aage naturellement, ou par la proprieté du temps; car cela eſtant, tous les hommes en fuſſent eſté de meſme, ains auec l'aide & aſſiſtance des

des fecrets, par vne fcience reuelée à bien peu de perfonnes, & acquife par vne fpeciale cognoiffance diuine. Auant le deluge fe treu-uoyent beaucoup de faincts perfonnages, qui auoyent l'vfage de la medecine vniuerfelle, qu'Adam, & fa famille auoit : dequoy ie prens Lactance à tefmoin, laquelle conforte le baume interne.& à la façon du feu congrege les homogenées,& fepare les heterogenées. Il ne faut pas s'arrefter au iugement de ceux-là, lef-quels ignorant les myfteres de l'element aqua-rique, difent que le deluge laua, & leua la force des croiffans,& des fruicts;ou que le mefme ca-taclyfme defpoüilla les corps humains de leur force:car tous les vegetans,& croiffans qui ger-ment par le benefice de l'eau, ont encore la mefme vertu & efficace qu'ils auoyent au temps d'Adam. Donques nous n'auons plus befoin que de la cognoiffance & vfage des fecrets: donc le deluge n'a pas laué les vertus des croiffans, ains nous a ofté la fcience pour les cognoiftre : ces fecrets des fecrets ont toufiours efté cachez aux Philofophes vulgaires, & prin-cipalement depuis que les hommes commen-cerent à abufer de la fcience, fe feruans mali-cieufement de ce que Dieu auoit creé pour le bien & foulagement des hommes. Mais tout ainfi comme bien peu paruiennent au terme naturel de la vie, de mefme auffi y en a-il peu qui fçachent le moyen de la prolonger,dequoy il y a plufieurs caufes : car la vie eft terminée en deux façons,fçauoir, par l'entendement,d'où s'enfuyuent les maladies mentales, ou maladies

Paracel.
Lors que les hommes fe multiplioient au monde, les plus fages,qui fe referuarent la fapience de meurarent au centre: & les autres, qui s'en treuuarēt deftituez, fu-rent chaffez à la circōferēce.

L'efprit & le corps nous abregēt la vie, encore que

l'on dic que
l'acte de l'i-
magination
est immanent,
& qu'vn corps
ne peut pas
estre alteré par
l'imagination
d'vn autre.

d'esprit, lesquelles sont inuisibles,& nous tour-
mentent l'esprit,comme sont,incantation, imagination, estimation, influence, & superstition;
toutes lesquelles procedent d'vne affection
spirituelle. Or il ne se treuue aucune medecine
corporelle , laquelle soit propre à ces mala-
dies-là : il faut donc se seruir de la foy, ou de
quelque autre moyen magique,à fin de chasser
ces fascinations, ou maladies causées par enchantement : & quoy que la cure en soit difficile, toutesfois elle est possible ; outre plus, ces
maladies cogneuës tant seulement aux parfaicts Medecins, sont gueries hors de l'appuy
de la medecine ordinaire : car il y a quelque
vertu cachée dans l'esprit de l'homme, laquelle
peut changer, attirer, & lier, principalement si
par vn excés d'imagination, d'esprit, & de volonté, elle est bandée à ce qu'elle veut attirer,
changer,lier,ou empescher.Ceux-là qui sçauent
les operations antipathiques de l'Aimant ne
s'estonnent pas de cela, d'autant qu'il est doüé
de vertus admirables, lesquelles executent leur
fascination spirituellement , & inuisiblement.
Mais à fin que nostre esprit ne soit suffoqué par
ces cinq susdictes maladies surnaturelles,& que
la mort ne s'en ensuyue, il se faut seruir des
remedes surnaturels, & magiques, au delà toutesfois d'aucune prophanation du nom de Dieu:
car l'astre maling desdictes maladies se destourne en quelque autre chose ; & par ainsi les maladies procedantes de l'esprit demandent vne
cure spirituelle.Si tu en veux voir d'aduantage,
lis Paracelse *in Philosophia sagaci.* Mais depuis
que

que les mains toutes-puissantes de Dieu sont le
vray preseruatif contre toute sorte de maladies,
la pieté doit estre la medecine, l'empeschement,
& la conseruation contre semblables maladies.
Nous auons cy dessus dict que la vie est abbre-
gee par le moyen de l'esprit, il faut donc maintenant qu'elle soit abbregée par l'estre, ou par
les maladies entales, ou corporelles : car beaucoup viuent tant seulement pour manger, &
preferent l'abondance voluptueuse à la necessité naturelle, laquelle se contente de peu. Ceux-
là coupent le filet de leur vie par leurs yuron-
gneries, au bout desquelles ils treuuent la mort;
quant à ceux qui se contentent de peu, asseurement ils prolongent leur vie, car le plus asseuré
remede pour prolonger ses iours c'est vn bon
regime ou vne diete moderée, & celle-cy est la
cure qu'il faut choisir pour les maladies naturelles des membres, causées de l'Estre, ou des
causes & moyens naturels, car quelle maladie
que ce soit demande sa propre guerison & re-
iette toutes les autres, doncques les medicamens
corporels ne peuuent pas mieux agir aux maladies mentales ou surnaturelles, que les medicaments spirituels aux maladies corporelles : il
ne faut encore oublier ce poinct icy lequel souuent nous empesche de paruenir au terme naturel, qui est la corruption que souuent nous arriue dans le ventre maternel, ou à l'enfante-
ment, ou enfin en l'education. Theophraste en
parle fort en ses liures. Mais afin que nous ne
nous esgarions trop de nostre dessein i'arreste-
ray icy ma plume me contentant de te dire que

2. des Rois 4.
Sirac. 37. sect.
34. chap. 31.
sect. 22. 23. 24.

tour ce que i'ay peu apprendre par mon eſtude,
veilles, trauaux, & voyages, qui puiſſe illuſtrer la
Medecine & Philoſophie, ou manifeſter la lumiere de grace, & de la nature (quoy que les
myſteres diuins ſoient tels qu'ils ne puiſſent
eſtre illuſtrez par les parolles des hommes) ie l'ay
mis en ceſte longue preface admonitoire cherchant leur lieu propre autant qu'il m'a eſté poſ-
ſible, ie l'ay communiqué aux enfans de la doctrine, heretiers de la ſapience, du plus profond de mon cœur; aſſeuré qu'ils le liront apres
auoir laué les mains du corps & de l'ame, ſans
aucune ſuperfluité ou diminution de la lumiere
diuine: & de faict ce n'eſt pas aſſes de ſçauoir
ce que tu ſçais, car il le faut communiquer &
rendre public par le moyen de tes eſcrits, afin
qu'il puiſſe donner ſes fruicts à l'vtilité & profit de tout le monde: toutesfois prens garde que
tu ne le faces pour iactance, ou vaine gloire, mais
ayé touſiours deuant les yeux l'honneur & gloire de Dieu. Ie l'ay encore mis au iour; tant parce que ie voyois qu'auiourdhuy on ne faict eſtat
d'enſeigner parmy les eſcolles que pour faire
oſtentation de leur ſcience, & non pas pour faire profiter les eſtudiáts, qu'afin que ceux qui ne
ſõt pas deſireux d'apprédre & profiter, puiſſent
iouyr de la meſme felicité qui moyennant la
grace de Dieu m'eſt arriuée en deux tres-illu-
ſtres & honnorables familles, chez leſquelles
i'ay eſtudié plus de dix ans durant, ſçauoir en
France auec la famille DESNE'E, & auec celle
de BAPPENHEIMIVS, Mareſchal de
l'Empire: & lors que i'inſtituois la courageuſe &
gene

Lis & relis,
& reitere la
lecture, & i'e-
ſpere que tu
ne te repenti-
ras iamais de
ton labeur.

L'vtilité
propre ne doit
pas eſtre pre-
ferée à toute
la Republi-
que.

L'eſcolle de
Medecine
n'eſt pas cou-
uerte de tuil-
les, mais du
firmamét: c'eſt
pourquoy il
faut fueilleter
le liure de la
Nature auec
les pieds, c'eſt
à dire, en cou-
rant le pais,
côme conſeille
Paracelſe.

genereufe icuneffe, qui auoit efté remife à ma
foy & diligence;il arriua que ie fus efpoinçonné
du defir de voir le liure de la nature les fueillets
duquel font toutes les regions du monde, & de
faict ie commençay de me mettre en voyage
deflors que le tres-Illuftre & Genereux Maxi-
milian Marefchal eftoit en peine de la fanté de
Conradus fon pere vray protecteur de la foy &
vertu ancienne. Mais comme la fortune ne rit
pas toufiours aux gensd'eftude,ie n'euffe iamais
eu l'entrée de ces deux maifós ne fuft la faueur
du tres-illuftre amateur des mufes, tres-digne
prince *Chriftin Anhaltinus*,&c. Lequel pour l'a-
mour & finguliere affection & reuerence qu'il
pourtoit aux Mufes , me releua des frais que ie
pouuois faire en la preparation medeçinale,que
ie deuois experimenter au fourneau de Vulcan.
Sa tres-illuftre grandeur a par ce moyen merité
vne gloire & renom immortel, parmy tous les
Spagyriques en quel pays qu'ils foiét. D'aduantage quant à ce qui eft de la difpofition des medicaments (parce que chafcun eft maiftre de fes
volontez)il m'a femblé bon d'inftituer le fufdit
ordre & difpofition contenu en cefte preface.
Car cela n'empefche pas que chafcun ny puiffe
faire d'autres experiences felon fa volonté &
bon plaifir les augmentant & diminuant pour
leur vfage comme il leur plairra : & par ainfi ie
ne feray point en doubte que cette moiffon
chymique & premier fruict de mon labeur , ou
prefent Spagyrique tres-difficile neantmoins &
qui demande vne fort affiduelle diligence, ne
foit aggreable à ceux qui font doüés d'vne do-

&trine autant pieufe que fublime (ne pouuant
laiffer rien de plus excellent à toute la patrie &
republique Spagyrique) d'ailleurs i'eftime que
ceux qui ont defija confommé leur ieuneffe,
auec vn trauail incroyable à la pourfuite de cet-
té fcience en receuront autant de contentemént
que ceux qui nourris dans l'efcolle Spagyrique,
& hermetique de Vulcan, fe font rendus doctes
par l'obferuation qu'ils ont faicte des canons
ordinaires des Medecins, tant pour les caufes
des maladies, que pour la methode de les curer:
ie ne me veux icy arrefter aux chiens, & pourceaux deftituez de toute grace & vertu, moins
encore au efcarabots lefquels ie laiffe dans le

Nous n'auons
pas tant dict,
que nous n'en
ayons laiffé
d'aduantage à
dire.

plaifir de la fieure, toutesfois ie n'ay pas peu mettre le tout icy de peur de me rendre trop proli-
xe : il ne faut pas neantmoins s'eftonner, fi i'ay
encor laiffé quelques doubtes à expliquer, parce
qu'il eft neceffaire que ceux qui ne fçauent pas
beaucoup foient confits en doubtes de plufieurs
chofes. C'eft pourquoy les loix Philofophiques
ordōnent de laiffer quelques fâcheux doubtes, à
ceux qui cōmencēt de vouloir goufter la faueur
des fruicts de la fciēce: parce que les efprits s'ef-
preuuent en cette façon la, & fe rendent pro-

Ces chofes
font efcriptes
pour ceux qui
ont vn efprit
fubtil & heu-
reux poffedant
vne ame illu-
ftrée du fel de
la fapience.

pres pour les efcolles Philofophiques: qui les
pourra prendre qu'il les prenne, au contraire
celuy qui ne les pourra comprendre qu'il les
apreuue, ou qu'il ferme la bouche & fe taife : ce
neantmoins le fage nourriffon de l'ancienne,
premiere, & facrée Philofophie, qui a prefté fes
oreilles auec la crainte de Dieu, ayant quité fa
propre fantafie, & mis fa raifon en bonne difpofition

fition pourueu qu'il soit doüé d'vn assez bon A bon enten-
deur faut peu
de parolles.
esprit, de peu de choses, retirera la signification,
la signification d'vn nombre presque infiny
moyennant toutesfois l'assistance diuine : outre
ce celuy qui amateur de la verité ayant abandonné toute enuie, lira & examinera cecy auec
vn esprit candide & espuré, apres l'ouuerture
des portes des cabinets, de l'vne & l'autre lumiere, confessera naifuement qu'il aura com-
prins le tout par son trauail & par ses oraisons,
d'où il retirera encore des fruicts nompareils
correspondans à son attente: mais si par vn contraire fort se récontrent quelques personnes de
diuerse opinion, chagrins, ignorants de la verité,
par sencez (comme l'on dit,) lesquels par la temerité de leur ignorance imputent à iniure le
benefice que ie leur ay rédu; estimant cet ouurage que i'ay plustost apprins de Dieu que des
hommes, comme rien & n'en tenant compte
comme s'il n'estoit au profit & vtilité du prochain : ie desire que tels superbes & temeraires
censeurs, auec leur preuue & addition de mes-
langes puissent ressembler la cornelle d'Esope:
parce qu'il ny a pas moins de peine que d'artifice, de separer le grain de la paille, ou le vray du
faux. Doncques ils ne doiuent pas piquer iniu-
stement les sueurs d'autruy, ny l'axacte diligence qu'ils ont employé pour rendre l'experience
indubitable : ceux qui ont sué en pareil cas, en
pourront tesmoigner: que ceux-la dis-ie ne donnent pas à cognoistre leur malice à la posterité,
qu'ils tiennent cachée leur inhumanité detestable, de peur de la publier par tout le monde, &
s'estant

s'eftant faict bannir de la compagnie des hommes, s'attribuer le nom d'ennemy du genre humain, ou d'aduerfaire du falut public: routesfois
il ne faut pour cela que les amateurs de la verité,
lefquels receuront de bon cœur ce noftre labeur, perdent courage : Non, non, il leur eft
Matth. 21.
fect. 19.
permis de mettre en lumiere les obferuations
qu'ils auront faictes ; ils le doiuent auffi, de peur
que la malediction du figuier ne leur arriue:
qu'ils tirent courageufement hors du muy la
lumiere ja allumée, & ayant quitté l'oifiueté des
regiftres ou queftions, & difputes inutiles des
efcolles (car elles n'appartiennent feulement
qu'aux Philofophes querelleux, l'intention defquels n'eft pas de treuuer la verité, ains fe cou-
tentent de l'embroüiller, eftant auffi prefts de
deffendre que d'agiter quelle chofe que ce foit)
à mon exemple mettent au iour des fecrets encore meilleurs que ceux-cy, comme appartenant
aux bons & fynceres citoyens de la Republique
Car qui eft
celuy qui peut
voir la fin de
la Medecine?
Spagyrique (parce qu'il eft certain que la Medecine n'a pas encore atteint fon terme de perfection, & qu'il refte encore beaucoup de chofes à
manifefter pour les fiecles aduenir) & en fin,
qu'ils donnent fecours au pauure Lazare, & à la
Samariteine, non pas en parolles, ains reellement & par effect. Que s'ils font celà, ayant
quitté les fignatures de la maudite pareffe, ie
leur fouhaite vne bonne Metamorphofe, fçauoir
que de braillants bourdons, ils puiffent eftre
changez en fertilles abeilles, afin qu'ils puiffent
par apres en bonne paix, & concorde fouffler
auec nous autres le miel Spagyrique : & deffendre

dre l'excellence de la Chymie, de la langue des
Calomniateurs, s'efforçant par leur trauail, &
fans aucune enuie, de rendre meilleure en effect
cette noftre œuure. Cela eftât ie ne fay point de
doubte que cette ancienne & vraye Medecine
Philofophique (cachée chez les autres fciences
occultes, à caufe de fon ancienneté ou à caufe de
l'iniure de noftre fiecle) ne foit bien toft remife
en fa priftine vigueur au profit & vtilité de tout
le genre humain, & à l'honneur de Dieu &
des Medecins Spagyriques, defquels cette
mer immenfe de la Mifericorde diuine, s'eft
voulu feruir comme de pleume ou caufe feconde, pour la perfection d'vn fi falutaire effect: Ie
prie la tres-fainde Trinité de nous octroyer
cette faueur, afin que à tout temps & à iamais
nous puiffions louër fon tres-fainct nom.
Amen.

L A

www.ingramcontent.com/pod-product-compliance
Lightning Source LLC
Chambersburg PA
CBHW072305210326
41519CB00057B/2740

9 782012 563780